What I Would Tell Her

28 Devoted Dads on Bringing Up, Holding On To and Letting Go of Their Daughters

父女情深

28位著名男作家的为父历程：创造、坚守与放飞的故事

〔美〕安德里亚·N. 理查森 编
张培 译

商務印書館
创于1897 The Commercial Press

2017年·北京

WHAT I WOULD TELL HER

28 Devoted Dads on Bringing Up, Holding on To and Letting Go of Their Daughters

Simplified Chinese rights arranged through CA-LINK International LLC (www.ca-link.com)

精彩评论：

“看得心都碎了，有时候会感到害怕，精彩却一以贯之。《父女情深》向世人宣告了父女之间紧密的、美丽的纽带，纯天然，绝无添加剂。从第一页开始，便散发着无穷的魅力。”

——《世界的意义》的作者　捷森·罗伯茨

“28 位杰出的作家与读者分享了父女之间美好的情感，这本书定会赢得世间所有的父亲和女儿。”

——《纽约时报》最畅销小说《红线与织圈》的作者　安·胡德

“引人深思，精彩绝伦，触及灵魂。《父女情深》，女儿们与 Y 染色体携带者，我们叫作父亲的那个人心连着心。这本书让我五体投地。”

——《生活：一个女儿的回忆录》的作者　凯伦·卡波

“得益于这些伟大的作家们，编者做到了我认为不可能做到的事情：准确而丰富地描述了父亲与女儿之间复杂、精致、奇异的关系。这些作品非常甜蜜且具有启发性。”

——《男人屋》的作者　埃德·胡德勒

“无论你和女儿的关系是怎样的，紧密还是放任，天翻地覆还是惇惇教导，溺爱还是充满不得不忍受的惧怕，你在本书里都能找到共鸣。”

——《等待小鸟》的作者　凯瑟琳·纽曼

“这本书能让李尔王受益一二。”

——《布伦维尔》的作者　罗伯特·梅勒·安德森

“多么勇敢，这些作家们对自己的内心开诚布公。”

——《纽约时报》最畅销作品《简·奥斯丁书友会》的作者　凯伦·琼·福勒

“感人，有趣，内省，有的文章三者兼具。”

——《魔鬼公司》和《威士忌叛徒》的作者　大卫·里斯

“编者创造了一本多么不可思议的妙书。这些伟大的作家们心怀梦想，幽默感满溢，字里行间充满了对女儿的爱。《父女情深》是父亲文学的里程碑。”

——《妈妈博士》的编者　卡罗来恩·格兰特

“幽默，温柔细腻，充满喜与悲。所有作品都很丰腴，这是一本伟大的文选。所有父亲和女儿们都该好好读读。”

——《塞琳娜》的作者　让·拉什

“通常是妈妈们展现对孩子甜蜜的爱，在这本书里，敞露胸怀的却是爸爸们。”

——《纽约时报》最畅销图书《海洋深处》和《没时间告别》的作者　捷克莱恩·米特查德

“多美的文集，唱出了父亲们对至爱的心声。这里有些文章风趣幽默，有些引人垂泪，但他们都有一个共同之处，那就是无比坦诚。每个父亲的女儿都该好好学习学习，每个有资格做父亲的男人都该细细读一读。”

——《哈勒姆狩猎》和《坠落》的作者　马特·约翰森

“在这本书里，你可窥见世界。28 位实力派作家向读者一次次证明父爱的伟大，这是他们的心声。这些文章感人肺腑，精彩绝伦，有些也痛苦悲伤，是献给读者最纯真的礼物。这本书不为娱乐，或许是为了转变。”

——《纽约时报》最畅销图书《夏日捉迷藏》的作者　苏珊·威格斯

“这些作家中，有些是我们这个时代最伟大的作家，为我们讲述了一个宏伟的故事。他们爱女儿，他们保护女儿，他们放飞女儿。很强大，充满柔情、激情和深邃的洞察力。”

——《肮脏世界》的作者　艾伦·苏斯曼

“如果你期待的是一本童话故事，这本不是你要找的。这里写的故事原始而纯真。”

——《单身母亲的寻索》和同名博客的作者　瑞秋·萨拉

“开篇题目即为点睛，父亲们和女儿们都应该好好读一读这本书。再没有哪本书让我觉得身为人父是如此的幸福和幸运。”

——《你留下的》的作者　威尔·埃里森

“这本书展示了爱、失去、心痛和希望，犀利的文章同时展现了幽默和感人的一面。最重要的，这些文字就如同我与父亲的对话——真诚的对话。”

——《家有巧厨》的作者　艾米莉·富兰克林

也请关注本系列图书的另一本

《母女情深》

献给我的父亲

唐·理查森

我的宝贝，当时我已经忘记，

这常常是个生与死的问题。

我像以前那样

祝福你，只是现在变得更加热切。

——理查德·威尔伯，《作家》

目　录

前　言

瑞典有一则童话故事，名叫《银拖鞋》。一个制鞋匠送给她女儿一双魔法鞋，保护她在探险的旅程中化险为夷。当女儿离开家门开始探寻世界的那一天，爸爸说：“这双银拖鞋会指导你走正确的路，因为我在上面倾注了所有的爱。”

《父女情深》的作家们也倾注了同样的爱，这些爱同样强大，充满力量。他们发自肺腑，书写着对女儿的希望与祝福。

这本书的妙处在于它从不同角度探讨了父女关系，父亲们竭尽全力成为小姑娘们心目中的英雄，保护她们，指导她们跨越人生旅程。他们意识到成为男性楷模的重要性，毕竟女孩眼中的父亲形象以及父女关系将会影响她与其他男性的关系，影响她的未来。父亲是女儿所爱的第一个男人，父亲更是毫无保留地养育着女儿。在我家里也是如此，女儿从丈夫身上汲取着勇气，丈夫每天都是她最坚强的后盾。有些人甚至认为，父亲是女儿生活中最重要的男人。

《母女情深》出版后，我为书中满溢的真情震撼了。在编辑《父女情深》的时候，原本没有指望父亲们的感情会像母亲们那般充沛，他们应该更理智、更实际。作为一个女儿的母亲，我深知母女之间与生俱来的联系，看过《父女情深》之后，才觉得关于父与女之间我还有很多需要学习的地方。我认为父亲不像母亲那样，在怀孕之初就与孩子奠定了感情基础，父亲与女儿的感情是自孩子出生后才慢慢发展起来的，基于这一点认知，看到书中一篇一篇温柔似水的感佩之文，真的令人惊喜连连。

父女之间的亲密是天性，他们之间存在着千丝万缕的纽带。才华横溢的作家们妙笔生花，把对女儿的爱、与女儿之间的感情冲突、所克服的困难以及在彼此身上学到的东西描写得淋漓尽致。

他们树立了抚养女孩儿的榜样，有些作家选择传承家族传统，有些则认为有必要建立全新的家庭教育模式。他们引领读者在父亲的旅程上漫游：出生，幼年，青少年，毕业，成为祖父，还有孩子的夭折。

就像史蒂夫·阿尔蒙德在《爸爸，然后呢？》一文中写道的那样："我们就是这样为女儿们沉迷，我们崇拜她们，在她们面前，我们的英雄主义极度膨胀着。我们的爱蕴藏在每一次身体接触上，却与性无关。"埃里克·古德曼在他的《我溺爱吗？》一文中也有同样的表述，他发现父女关系代表着一种"最理想的爱的模式"、"自幼年发展而来的甜蜜和关爱，没有夫妻或情人之间时而苦涩的现实"。古德曼认为如果他令女儿感受到了"爱和尊重"，他作为一个父亲，便是成功的。

保护女儿是本书中最常出现的主题。如战士一般，作者们常常能感受到一种保护女儿的强烈愿望。迪恩·白克波罗发现，作为一个父亲，有太多无法弥补的事。迪恩认为成熟的父爱中充斥着他所定义的“小悲伤”、“无法保护她，让她免受一切痛苦和失败，或是恐惧、焦虑和悔恨”。他认为女儿希望感受一切，无论有没有他的庇护，有时候甚至鄙弃他最大的努力。“男人直到看到自己的女儿遇到困难才会意识到这个世界的可悲之处，”白克波罗说，“我们知道世界的悲哀，但是看到那么一个小生命，一个我们爱得比谁都深的小生命也得遭遇这世上的无奈，这才最令人心痛。”

为了让三岁大的女儿安娜贝尔夜晚睡得安心，大卫·迪格把她抱在胸前，在狭窄的街道上走来走去。他们目睹了一群小混混殴打一个无辜的男人，出于一种无名的英雄主义，迪格把安娜贝尔交给她母亲，然后口中默念着“我得出去看看”，就走出了家门。这个父亲并不强悍，但在文章的最后他承认，如果再次看见这群坏胚，他会把他们碾成粉末，把那个夜晚夺回来，还给安娜贝尔。

詹姆斯·格里菲恩向读者介绍了“持枪父亲”的另一面，揭开了父亲驱赶女儿那些十几岁追逐者的秘密。虽然他很理解这些父亲，但是他认为自己的女儿并不需要他如此这般的保护。相对于身体保护，詹姆斯的文章更多地倾向于性保护。他谈到在妻子家乡看到的一场"贞洁舞会"，并在舞会上与其他的父亲就女儿性成熟的恐惧进行了探讨，他认为应该帮助女儿建立正确的对性的认识，而非一味逃避。文章的结尾很是精彩，詹姆斯认为他们更应该保护女儿免受自己的干扰，"站在一边，看着她自己克服困难，这需要足够的勇气。"在《站在台阶上的男人》一文中，罗伯特·威尔德说："父亲对女儿的爱来自脆弱，从来都是。"他站在女儿的立场上说，必须让女儿靠自己的力量赢得属于她自己的斗争。

在抚养女儿的漫漫长路上，父亲们必须意识到女儿在一天天长大。雷尔德·亨特在头脑中导演了一部假设的电影，她的小女儿从身边跑开了，经过操场上的游乐设施，他看到她长高了，长壮了，眨眼间就跑出了操场，消失不见。伴随着转瞬即逝的童年，父亲们同时感受着爱和痛苦。当阿尔蒙德的女儿琼瑟芬宣布"爸爸，我长大了"，"就在那一刻，那一奇怪的、恐怖的时刻，琼瑟芬开始长大了这一可怕的认知狠狠地击中了我的心。我坐在那里，腿上坐着生病的两岁女儿，看着她耳朵的弧度，感觉着她的重量，嗅着她头发的味道，可以如此肆无忌惮地爱她的时间是如此短暂。""琼瑟芬的话使我怀疑这个小家伙已经洞悉了作为儿童的强大魅力，她的童年一点儿一点儿地结束着，她也正在一点儿一点儿地离我而去。"

女儿们慢慢长大，如此甜蜜单纯的爱也变得令人挫败，充满误会。令人不适的距离感在父女之间产生了。当八岁的小女儿开始学着锁上浴室门的时候，罗伯特·都格尼的心都碎了。他一边念叨着失去了她的小姑娘，同时又在身上用口红画了心形的纹身，上面有女儿的名字，以此在学校组织的义卖上显示对女儿的爱。

像特雷·伊利斯、理查德·弗雷尔和迈克尔·科恩斯这样的单身父亲，对又当爹又当妈感到很没信心，但实际上他们都做得好极了。他们与女儿的关系并不像母女，虽然他们也提供这样那样的意见，在爱与尊重上建立了极其亲密的亲子关系。他们发明了独特的与女儿沟通的途径，度过了像月经初潮这样尴尬的困难时刻；他们发现自己也能给女儿梳头发，告诉她们该怎么跟男孩子打交道；他们成功地帮助了女儿，不仅挨过了可怕的青春期，还让那段痛苦的岁月变得大放光彩。

鼓励女儿前进的过程对父亲来说是很痛苦的，因为他们不得不学会放手。大卫·斯科特说："我们必须管住自己的野心，让她找到自己的愿望。"虽然出自好心，但是斯旺·亚当森发现自己的期待视野并不"符合女儿的实际，或她想成为什么样的人"。虽然卡尔·兰尼兹觉得很有必要在女儿的毕业舞会外蹲点，他最终还是学会了放手，还骄傲地发现放手之前，他已经让她学会了如何防备。他们最终都做到了让女儿自己找寻人生的路，并对她们充满信心。

内心强大很重要。理查德·纳什有一段时间很害怕自己不能像女儿希望的那样成为一个好父亲，但最终在女儿身上找到了自信。迈克尔·科恩斯也从养女蒂亚身上找到了力量，他们的爱如此强大，让他渡过了与艾滋病抗争的 14 年。阿米塔瓦·库玛尔快被女儿逼疯了，我们能深切感受到当伊拉在黑暗中“小手向前伸着，闭着眼睛，泪水像断了线的珠子沿着脸颊流下来”时，库玛尔内心实实在在的痛苦与愧疚。他承认了内心中的渴望，渴望成为女儿心中期盼的人。罗伯特·鲍舍六岁的女儿奋起反抗他的时候，他觉得既痛苦又骄傲。所有这些都说明，这些小女孩们将他们的牵挂延展了。

他们同样遭遇悔恨。罗伯特·鲍舍直到女儿十九岁才第一次见到她。是她首先联系他的，他们重新聚在一起了，她也终于原谅了他的离去。鲍舍依旧为流失的岁月感到悔恨，但值得庆幸的是她已经重新成为了他生活的一部分。苏西给他上了一课。生日宴会上，他给她的箴言中这样写着：“爱是做出来的实际行动，不是口头说出来的标语。”

在兰德·理查德·古波的生活中，女儿更像母亲的投影。姐夫和母亲死于癌症，他自己也被怀疑患有皮肤癌。在《迟来的父亲》一文中，他说：“孩子向你要求未来，她也赋予你未来，她改变了你在这个序列中的位置，如今你不仅身后有祖先，面前也有后代了。”汤玛斯·贝勒认为：“成为父母，你便重新认识了父母。”

他们同样遭遇死亡。丹尼尔·拉伯恩为失去女儿艾琳而痛苦万分，但他必须熬过那段地狱般的生活，虽然当时并没有人能够真正了解他和妻子内心的凄苦与绝望。在祭扫之旅中，汤玛斯·贝勒的女儿一定会猜到，爸爸的爸爸死了，有一天爸爸也会死去的。麦克·阿达米克的女儿在路边看到一只死了的小鸟，她以为它睡着了，坚持要等到鸟妈妈把小鸟接走，麦克当时是怎样的担心，怎样极力安抚啊。

很多例子证明，父亲不仅崇拜他们的女儿，还能从她们身上学到很多，并以她们为榜样。罗伯·斯皮尔曼自己曾是个胆怯的、迷茫的、愤世嫉俗的摇滚迷，如今女儿长大了，却敢于站在舞台上公开演出，并把摇滚作为自己力量的来源。当伊莎杜拉谱写出愤怒的朋克摇滚时，罗伯心中充满了无比的骄傲。给菲比当教练的大卫·斯科特对菲比反抗他，拒绝把队友换下场感到头痛无比，菲比却指出她的目的是建立队友的信心，而不仅仅为了赢得一分。对此，斯科特承认："有时候，孩子是父亲，有时候，孩子是教练。我觉得，如果我错过了那一时刻，错过了刚刚菲比教导我的时刻，接下来的几年，我可能就白干了。"

这些父亲们没有必要给女儿制作一双魔法拖鞋，他们会至死保卫女儿免受森林狼、坏朋友和敌人的伤害。心中怀着希望和信任，他们会理解女儿的选择，并指导她走出一条自己的光明之路。我的父亲也是这样爱我的，他鼓励我奋勇直前，哪怕这意味着离他而去。作为一位年轻的父亲，他工作勤勤恳恳，加班加点，只为了我的芭蕾舞鞋和钢琴课。即使我令他失望，他也对我充满了信心。父亲鼓励我周游世界寻找自己的宿命，我照他的话去做了。十一岁的时候，父母就把我送上了一架飞往瑞士的飞机，独自在国外住了一个月。对于这样的机会我真是感激不尽，受益终生，而且更加清楚地知道了即使只是个小姑娘，他们对我却有着十足的信心。我希望自己也能赋予女儿同样的幸福。

对于这些点滴的回忆，爱是背后的答案和关键。克劳德·斯丹纳什说的好："从孩子那里求来的，千盼万盼来的都不是爱。爱应该是自发给予的。"他女儿米歇尔是爱他的，她用来表达爱的方式是传承家族讲故事的传统。同是成人，他们相互钦佩，女儿不再是父亲们的所有物，而是关系平等的女人。

柯林·道德对她女儿艾娃说："爱是有魔力的。时机没成熟就永远不会放弃。"他幻想了一种亲密的父女关系，并为之不懈努力。我们的作家为女儿们构筑了美好的未来，通过持久的支持和鼓励，他们的目的在于确保女儿变得强壮，实现梦想。他们不需要魔法拖鞋，因为他们已经向女儿们展示了应该如何畅游世界。品味了他们的心声，我们自然会懂得，魔法就衍生于父亲和女儿的纽带间。

安德里亚·N. 理查森

于加利福尼亚，圣拉菲尔

2009 年 7 月

致格里斯

克里斯·波加连

星期天的早晨，我们为你施洗，亲朋好友汇聚在教堂。一位年老的妇人抱着才十磅重的你，向大家郑重宣布你的姓和名："格里斯·伊斯碧伦斯（Grace Experience）*，"她轻轻地念着你的名字，当时的你身穿妈妈亲手挑选的复古白色小长裙。"你的父母给你起了这个名字是多么明智啊，格里斯意味着你的生命是神赐的礼物，伊斯碧伦斯意味着你将亲身经历将来的每一天。"

我和你妈妈对这位老妇人过人的洞见深感震惊，我们希望自己在给你取名字的时候有她夸奖的一半那么聪明就好了。格里斯的由来，一半是因为这的确是一个好听的名字，一半是因为一个已经过世的瑞典亲戚，她拥有一颗博爱的心，人品特别好，而且总是那么愉快，高雅。在生命的最后一个圣诞节，她寄给我们一张圣诞贺卡，里面夹着一张照片，照片中的她正坐在斯德哥尔摩

---

* Grace：意为恩赐，Experience：意为体验、经历。

市内空场的滑梯下。我们叫你伊斯碧伦斯，也是因为以前家族中有人用过这个名字，这个亲戚我们一无所知，她是一位 17 世纪住在曼彻斯特的祖先（其实，我们还是多少知道一点儿她的事的，她有一个直系后代，名叫弗里爱*。所以，孩子，想想吧，你还是挺幸运的，没有出生在 1968 年的旧金山，不然还真会被起名为格里斯·弗里爱呢）。此外，你应该庆幸自己是个女孩儿。如果你是个男孩儿，我们打算叫你阿提库斯。这个名字当然来自《杀死一只知更鸟》里面那个丧偶的律师阿提库斯·芬奇。想一想吧，一辈子都叫阿提库斯·波加连，光是这名字的读音听起来就够衰的。

无论如何，我们把格里斯和伊斯碧伦斯这两个名字放在了一起，主要因为我们喜欢这两个词的韵律和柔软的嘶嘶声，并不因为深思熟虑过这两个词的深层含义。看来我们的运气还不错。

但是，抚养你长大需要更多的运气。这是教育的问题，很大程度上也与你善良优质的天性分不开。刚开始的时候，我们有些刻意地塑造你，但是后来，你就长得人如其名了。

在人前，我和你妈妈或多或少假装是一对好父母。其实，我们对你的教育很多时候都是心血来潮的。你可能见过这张照片，我们带着你一起进行过一次 450 英里的汽车长途旅行，当时你只有五个月大。途中，我们经过犹他州的拱门石国家公园。我把你

---

* 原为为Free Love，意为自由的爱。

舒服地绑在婴儿背带里，紧贴在胸前，走过红色的巨岩和拱门型的大石，然后我们在一处悬崖边坐下来，向下眺望宏伟的拱门石。然后，我和你妈妈同时意识到我们是多么不负责任的疯子啊。如果你没有掉下悬崖摔死，也会被热风烘干，或者像一棵移植到沙漠里的橘子树一样被慢慢地晒干。我们小心翼翼地从悬崖的栅栏边往后挪，都不敢站起来了。这么看来，你能活到上幼儿园可真是个奇迹。

初为人父的头几年，我简直没法跟自己的父母相提并论。阁楼照片里的他们显得那么成熟、高雅。看，这是我母亲——你从没见过的祖母——当时她身穿一身白色晚礼服，站在我儿时老房子的门口，正要出发去参加新年前夜晚会。这是我父亲——你只见过他年老时的样子，他从不肯承认自己耳背，可是却把电视的音量开得像飞机引擎——照片里的他身穿燕尾服，头发乌黑锃亮。他们掌管一切，他们是主人。他们本应成为明星。在我眼里，他们生来就是中年人；我猜，我和你妈妈在你眼里可能也从来都是中年人。

我认为，我们三口之家的格局棒极了。但是在你出生之前，我和你妈妈总幻想着有一个四口或五口之家。当你妈妈发现自己怀孕了，我们常常妄想她怀的是双胞胎，这样，我们就能跨越式完成四口之家的梦想了。在你出生的那一刻，将你抱进怀里的那一瞬间，四口之家的幻想飘散了，我们已经满足了，我们不能想象怎么能像爱你那样再去爱第二个孩子（接下来的几个星期里，每当我们渴望第二个孩子的时候，只要向混乱的厨房里看上一眼，就能打消这个念头。那里就像地震现场，我和你妈妈酷爱清洁，而孩子，即使只是个婴儿，都能将整洁消灭得点滴不剩)。

我希望你作为我们的独生女儿能够感到满意，就像我和你妈妈只要有你就足够了一样。在你很小的时候，我和你妈妈就让你参与家庭的重要决定，即使七八岁的你并没有权利投决定性的一票。但是我们希望你能了解我们的想法，我们更希望了解你对这个世界的认知。

现在，我可以肯定，对于各类事情的后果，我和你妈妈都已经事先嘱咐过你了。这些陈词滥调是关于自尊、自爱和对身体的认识，当然还关于男孩子们(陈词滥调并不代表不正确)。你应该珍惜自己的身体，应该爱护自己。哪个男孩儿也不值得你让自己受委屈。真正的朋友不会对你妄加评论，却会默默地支持你。让我感到欣慰的是，你已经有一些这样的朋友了：这些年轻姑娘们有一天会成为你婚礼的嘉宾，这些年轻小伙们会陪伴你，却没有不良企图。

我们家向来珍惜聚在一起的晚餐时间，重视诚恳的相互交流，但是即使在像我们这样的家庭中，也有一些没有说出来的话。下面就让我来说一说。

我痛苦地意识到，自己是个不受控制的控制狂。道理是一回事，现实却是另一回事。即使你已经十六岁了，我仍然想替你解决所有的问题，无论大小，不管是你自找的，还是纯属坏运气。

自从你去了寄宿学校，看看我多么频繁地给你打电话或发电子邮件吧。还记得，你离开家的第一个学期，期末考试那天，我还逼问你早餐都吃了些什么。星期日的早晨，我会跑到隔壁的教堂，告诉任何到那里按门铃的人，只要按一次就足够了，我这么做只是怕他们打扰你睡懒觉。我会告诉他们：没必要让重复的门铃声打扰教堂墓地里安息的灵魂，或是我那正在睡觉的宝贝女儿。当你还是个小孩子，一个周六的下午，你正在睡午觉，我甚至跑到附近的一个正在举行婚礼的人家，告诉人们别过分按门铃，而我并不认识那家人。

有的时候，我会幻想自己的死亡。在我的葬礼上，我给你留下的叮嘱，会让每一个参加仪式的人发疯：

“别穿着四英寸高的高跟鞋逛街，不然你会断送自己的舞蹈生涯；

这是你自己的房间，如果你能从那堆衣服山里找到要穿的 T 恤，整个房间乱得无从下脚我也无所谓；

没错，食物意味着爱。尤其是精致的面包、细细切好的西红柿和高档橄榄油；

言情片没什么不好，创造这个词的人又刻薄又不礼貌。*

在窗户边准备一条软梯，以备火灾。

天冷了，就戴条围巾，保护好你那夜莺般的歌喉。

---

* 言情片的原文为chick flick，意为骗小孩儿的，此处这么说是反语。

不要熬夜到凌晨，再多的事情，午夜前也能完成。

别让自己后悔，就是说，别去纹身。”

如果有一天，我的大限来临，对我来说最难过的就是再不能陪伴在你身边。一旦到了那个时候，我会反思，我和你妈妈是否对你啰唆太多了。我知道你常常担忧，常常焦虑。我和你妈妈就常常杞人忧天，你完全遗传自我们（同时，你还遗传了你妈妈漂亮的脸型）。我们常想，教育你的时候，如果我们再周到谨慎些，你会变得更好。

所以，当那一天最终来临，当我不肯安静地前往那个未知的彼岸，我混乱的大脑还在自以为是地制造自认为智慧的言辞，试图向你传达：即使你的某次演出没有预期的完美，即使你的男友或丈夫没那么体贴，即使你的好意和善良被曲解，太阳也会照常升起。完美不仅常常被过高估计，完美根本就不存在。

最后，让我们回到你的名字上来，你的姓。在你出生之前，我和你妈妈就已经决定了，如果生下来的是个女孩儿，你就继承母亲的姓，而不是我的。所以你姓布勒威尔，而不是波加连。我希望你能感受到女性的权利，同时也能让你与母亲那边的亲戚有更多的联系。同时，这也关系到读音的好听与否。格里斯·伊斯碧伦斯·布勒威尔听起来就是比格里斯·伊斯碧伦斯·波加连好听。我对这个决定还是比较认同的，但是有时候我也觉得痛心的后悔。因为我是如此地为你骄傲——你成长得如此美好，你与这个世界如此契合——我希望所有的陌生人都知道你是我的女儿。

当你唱歌、跳舞或是演出的时候我会这样想，当你不在舞台或摄像机前时，我也会这样想。因为你不仅仅是个歌者、舞者或演员，我和你妈妈也从来没有按职业来评价你。职业不是我们爱你的原因；我们爱你，因为你美好的心灵，因为你如鸟鸣般动听的笑声。

没错，将来你会做出一些明智的决定，也会做一些愚蠢的选择。会遇到一些人，有人爱你，有人嫉妒你的天分。有时候，人们会让你失望，有时候你会遭受来自观众甚至生活的拒绝。

但是，请别忘记你名字的美好和向往，你已渐渐变得人如其名。

然后呢，爸爸

史蒂夫·阿尔蒙德

我女儿琼瑟芬站在楼梯底下大喊："爸爸，爸爸！"我的办公室是改装过的阁楼，所以听起来好像她就站在我耳边大喊一样。也或许只有做父亲的才有这种感觉。

她开始晃悠门了。

阁楼的门，如果安装得法的话，是不会被晃悠得吱呀吱呀响的。但是我和妻子都是作家，我们屋子里的东西就没有安装得好的。所以我们的身体能够组装出一个完美的宝宝，不能不说是一个奇迹。

琼瑟芬继续晃悠门。

"爸爸得工作。"我妻子劝阻得也不完全实心实意。

"爸爸！"琼瑟芬尖叫，"我要爸爸下楼来，爸爸，爸爸！"

然后，我就做了一个经常性的错误决定。我在楼梯顶上探出头去。我想和琼瑟芬讲讲理，我要告诉他爸爸在写一本书——好吧，是一本很枯燥的书，不过也是一本书啊——而且，我正要写的部分非常关键，终于有点儿不枯燥的内容出现了，所以我需要集中精神，我需要埋首到我那仿佛洞穴一般的办公室，对不起，宝贝，爸爸不能下楼来，不能把你举高高。

我向楼梯下望去。

我的全部打算都被打散了，就在我看到琼瑟芬小脸儿的一瞬间。实在没有必要描写她可爱的小脸儿，如果你还没有女儿，不是个父亲，再精彩的描写也不能让你理解。但是，如果你是一个女儿的父亲，就想象自己女儿的脸吧（兄弟，愿上帝保佑你）。你应该知道，我接下来会怎么做。

让我们回到很久很久以前。

还是一个小男孩儿的时候，我就恳求父母给我生一个小妹妹，我们的家庭成员全是暴躁的小伙子，我确定一个小姑娘可以改变我们。但是我的父母却说："没门儿，乔。"

当我 17 岁的时候，我女朋友声明她可能怀孕了，这是天意啊。终于有我自己的女儿了。虽然比计划来得早了些，但是，生活不都是变化无常的吗？我要成为一个小爸爸啦！就像你在青春期教育片里见到的小爸爸一样，一板一眼的，整天忧愁不堪。当我带她去百货大楼购物时，人们看见我给她喂奶，哄她睡觉都会轻轻叹一口气，然后我就昂首挺胸地从他们身边走过，再顺手牵羊地给她"拿"几件新衣服。

但事实证明，我女朋友并没有怀孕。

接下来的二十年，我一直不顾一切试图生个孩子出来。但是，从没成功。所以我写的文章里都是女婴儿。最过分的一次，我描写了一个有四个女儿的俄罗斯农民，他所有的女儿都崇拜这个受伤的、高尚的父亲。他临终前还抱着一个（也或许是四个全部）女儿在怀里。

那个时候，我真是一点儿也不了解女人，更别说女孩儿们了。

我一直告诉自己，会有一个女儿的，并且在心里做好了一切准备。就这样，又一个十年过去了。然后，非常突然地，这个伟大的时刻来临了。此刻，我正抱着琼瑟芬·阿尔蒙德，静静地看着她那灰色、炯炯有神、惊讶的大眼睛。琼瑟芬皱起了小眉头，小脸蛋红扑扑的，精致的小嘴张开了，发出了一声嫩嫩地吼叫。我呆呆地看着她足有五分钟，哇，我想，我该怎么办呢，养孩子比想象中的复杂得多。

转眼到了上亲子班的时候，老师帕姆说："好，大家准备好，我们开始唱小羽毛，每个人都准备好了吗？唱歌能够锻炼我们的听力和模仿能力。"

老师开始唱小羽毛了。这首歌说的是一个叫小羽毛的小男孩独自走在大森林里，他听到了各种声音，有猫头鹰的"呜呜"声，小松鼠的"吱吱"声，最后他来到了熊洞边，听到大熊的"吼吼"声。

我们大家都坐成一个圈，但是琼瑟芬却朝帕姆老师走了过去，拽着小羽毛玩具的腿，把它在屋子里拖来拖去，还用迷你小木琴敲打小羽毛的头。其他的妈妈都用惊恐的眼神看着她，然后她们看向我，表情变得虚伪，仿佛在说“你家宝宝真有活力啊”。

“吼吼，”琼瑟芬说，“我是一只熊熊。”

小羽毛默默无声，小羽毛早就死了。

还有一次。隔天我就要出差了，为期三天。我和妻子整个星期都在给琼瑟芬做心理工作，为我的离开做准备。“爸爸得去工作，”我们这么说，“但是，他很快就回来啦。”

开始准备行李前，我和琼瑟芬打闹了一会儿，我咬着她的小肚肚，那里被我叫作“琼瑟汉堡”。她笑得喘不上气来，还用力推我的头，然后大叫“琼瑟汉堡！”我就再一次低下头咬他。

我们就是这样为女儿们沉迷，我们崇拜她们，在她们面前，我们的英雄主义极度膨胀着。我们的爱蕴藏在每一次身体接触上，却与性无关，它源自对孩子的味道、肌肤质感的迷恋。

突然，琼瑟芬用小手捧住我的脸颊，很奇怪的动作，她要我注意听。她低下了头，仿佛正在鼓起勇气，当她再次抬起头来，眼睛里充满了忧伤：“爸爸要走了，”她说，“爸爸工作。”

2008 年，琼瑟芬闹午觉失眠已经是第五天了。她眼睛周围都是红红肿肿的。

“你要听个故事吗？”我说。

“不要！”

“要玩橡皮泥吗？”我问。

“不要！”

“我们到楼下去？”

“不要！”

“我们出去散散步吧。”

“不要！”

“不然你休息一会儿？”

“不要！”

百毕安，我想。妻子纠正我说，是儿童安毕安。可以把宝贝的瞌睡引出来。

午夜，我听到琼瑟芬在哭。我赶忙过去，看到她坐在儿童床的栅栏边，擦着鼻子。当我把她抱起来的时候，她哭着大喊：“我要下来。我要妈妈！”她扭动着挣脱我，跑向我和妻子的卧室。

再一次受到打击。

这时，我听到妻子发出一声轻轻的，压抑着惊讶的叫喊：“亲爱的，请你来一下。”我走进卧室，在灯光下，琼瑟芬的脸上有一块亮红色。真逗，我想，我没在琼瑟芬的小床栅栏上抹樱桃糖浆啊。

妻子看了我一眼，她试图不那么恐慌，我却立刻吓傻了。对自己的疏忽和粗心大意我真是佩服得五体投地。我仿佛听到一名政府调查员审问说：“那么，当你把女儿从婴儿床上抱起来的时候，没有发现任何异常？这就是你的证词，是吗，阿尔蒙德先生？”

我妻子给琼瑟芬清理，脸上没有明显的伤口。“可能是流鼻血了。”我说。接下来的半小时，琼瑟芬在我们的床上高兴地跳来跳去，我们俩却忙着查流鼻血的有关资料。她伤得实在是不重，离死亡差得十万八千里呢。

我把琼瑟芬抱回她的床上，之后过了一小时之久，我仍然心有余悸，无法入睡。这件事已经过去了，别傻了，没什么，别想了，别再担心了。我得不断地告诉自己。

我刚刚给琼瑟芬洗了澡出来，把她放在桌子上，开始“给公主换尿布”。她翻过身去，不让我换，我就捏她的小屁屁，直到她同意穿上尿布为止。我把她立起来，给她穿上儿童连脚睡衣，她一下子跳进我的怀抱。我轻轻地在她的小鼻子上抹上乳霜，然后在她肚子上吹气，弄出好像放屁一样的声音。我们一起做了一个纸杯，然后我给她讲了两个故事，再然后我们抱一抱，亲一亲，我把她抱到她的小床上，给她按摩后背，直到她睡着为止。

“她可真是你的小女朋友啊。”当我走进卧室的时候，妻子如是说。

“哎呀，当然啦。”我坦然回答，否认有什么用呢？从一开始我就说过，我希望我的孩子愿意为了我杀掉她妈妈。

“不开玩笑，”妻子说，“你好像在约会一般。”

“我是在约会啊。”我说，“我该怎么说呢，她太靓了，我彻底被制服了。”

夜晚，当琼瑟芬本该睡觉的时候，她却成为了她小床上的主宰，她重新整理白天看过的书，重复白天学到的话。“在尼尔面前，我有点儿害羞，只有一点点害羞。哎哟，多可爱呀！嘿，小弟弟在看着你呢。”她还奶声奶气地唱歌，断断续续地讲故事。全心全意地自我表演，这是一个还没有与外界、与我们存在任何隔阂的头脑。我站在门外的黑暗里静静地听，多希望她能提到我。

琼瑟芬正在玩装尿布的纸箱子，从里面开始慢慢地搞破坏。我觉得很无聊，就逗弄她，"琼瑟芬，你是一个小书呆子吗？"

没有回答。

"你是口袋书吗？你是掌中宝吗？"

琼瑟芬猛地把头抬起来，凌厉地看了我一眼："爸爸，我不想让你说话，我想让爸爸走开。"

"这个不太好。"我说。

琼瑟芬的头又低下去了，"爸爸走开，"她嘟囔着，"爸爸到厨房去。"

"好吧。"我说，"好吧，爸爸走开喽，如果一会儿你想让我悠高高，可别找我哟，因为那会儿爸爸就没时间啦。怎么样？"

琼瑟芬什么也没说，我听到她把纸箱子的底儿撕开了。

"你发现了没有，咱们的孩子是个小混球儿。"我对妻子说。

"她才两岁，"妻子说，"等到她十六岁你再看看，她会把你逼发疯的。"

"她不会的。"我说，然后走进浴室给自己点儿时间重新打起精神。

我们坐在沙发上，给她读《好奇的乔治》，乔治从一个带黄帽子的奇怪男人那里得到了一辆自行车。我们读到，乔治把自行车撞坏了，前轮子都变形了，他坐在河边伤心地哭了起来。琼瑟芬带着她那特有的真诚说："哎哟，乔治哭了。"她的真心的怜悯每次都令我震惊。

琼瑟芬自己当天早上就是哭着醒来的，当我走过去抱她的时候，我马上发现她发烧了，她的尿布里面简直一塌糊涂，只有做父亲的才能够凛然面对。

我上星期得了肠胃炎，然后传染给了妻子，琼瑟芬最终也没能幸免。我们本来还以为是因为上周的严寒所致，根本没想到它还传染。

琼瑟芬吃了药，也被洗得干干净净了，现在给她讲故事是为了转移她的注意力。

"乔治哭了，"她又说了一次，"别哭，别哭。"她用手指摸摸乔治的眼泪，"我小的时候，也哭来着，"她宣布，"但是，现在我长大了。"

"没错，你长大了。"我说。

她停了停，然后长长地叹了口气，说明她正努力地思考着什么。

"我开始长大了，爸爸。"她突然说。

就在那一刻，那一奇怪的、恐怖的时刻，琼瑟芬开始长大了。这一可怕的认知狠狠地击中了我的心。我坐在那里，腿上坐着生病的两岁女儿，看着她耳朵的弧度，感觉着她的重量，嗅着她头发的味道，可以如此肆无忌惮地爱她的时间是如此短暂。琼瑟芬的话使我怀疑这个小家伙已经洞悉了作为儿童的强大魅力，她的童年一点儿一点儿地结束着，她也正在一点儿一点儿地离我而去。

没错，不久之后，我就将看着她离开我去上学，去夏令营，看着她去高中毕业舞会，看着她去上大学，选修乱七八糟的课程，然后我开始秃顶，告诉她想什么时候搬出去都可以，如果她不怕伤了老爸的心，就去外面闯世界吧。

我们其实生活在一个幸运的时代，幸运的国家，我不用担心她被卖到边远山区去，或者建立毫无感情基础的婚姻。

作为一个父亲，我或许有很多地方做得不够好；我很溺爱、缺乏耐心、自视不高，但是她也必须接受这些。没有人知道应该怎么做，我们都是卑躬屈膝的追求者，在自己的公主面前弯腰低头。我们在点点滴滴上付出了爱，却要在某一天被抹杀，这就是生活。琼瑟芬长大后不会记得幼时的事，大脑就是这样运作的。大脑告诉身体要去感受每天的新鲜事物，哪怕受到伤害。大脑每天把琼瑟芬叫醒，让她大声呼唤爸爸，爸爸就会跌跌撞撞、无限宠爱地出现，大脑要她问："然后呢？爸爸，接下来会发生什么？"

陶　艺

丹尼尔 · 拉伯恩

第三次约会的时候，瑞贝卡送给我一只她制作的陶碗。我们坐在我家的厨房里，桌子上放着这只碗，她正把制作过程娓娓道来。她说制陶者要不断重复地制作同一个作品，不断不断地重复，直到把这只陶器的形状铭记于心，直到每一个动作都充满自觉和自信。我把瑞贝卡的作品拿在手中把玩，她把陶碗上的一个小瑕疵指给我看。在碗口，有一圈柔和的圆晕。这是因为在窑炉里，旁边陶器的釉面挥发了，鬼使神差地将红色晕染在了这只陶碗上。这样的“瑕疵”让瑞贝卡觉得精妙绝伦，这样的“差错”让陶艺充满了个性。

瑞贝卡长着满脸的雀斑，有一双小而干燥的手，外衣经常脏兮兮的。在那次约会之后大约一年，在同一个厨房的同一张餐桌旁，我向她求婚了。她欣然同意，并且很快地怀孕了。几个月后，她刚刚开始增重，我们的宝宝便夭折了。从不知为什么。

2004 年的春天，瑞贝卡小产后的第五个月，她又怀孕了。那是一个炎热的早晨，阵痛袭来，瑞贝卡流血了，我们在密歇根湖畔飞车，直奔医院，这次孩子保住了。20周，超声波显示，我们的小幸存者是一个健康的女孩儿。医生还给了我们一张胎儿的黑白照片，她就像一个望远镜里的外星人，一个外星系里长成的小矮人。

女儿的名字是我在半梦半醒间想到的，那天晚上，她的小手小脚蹬踹瑞贝卡的肚子和我的手掌。*晚安，艾琳，我想，让我们在梦中相见**。这首歌，除了这几句之外，我都不会唱，只有这几句时不时回响在我的脑海中。艾琳·拉伯恩，瑞贝卡也喜欢这个名字，名字就这样定下来了。

那是一个圣诞节聚会，瑞贝卡怀孕八个月了。现在她不得不坐下来，因为她感觉头晕，恶心。她强颜欢笑地说：

“哎呀，艾琳踢得可真欢啊。她可从来没这么用力过，从没。”

“每天都要小心，”我说，“从现在开始每天都要特别小心。”我系上围巾，穿上大衣，扶住瑞贝卡。

三天后，瑞贝卡从助产士办公室给我打来电话。我把听筒拿到耳边，没有声音，但是我还是听出了那是瑞贝卡，我的心像被电击了一般猛颤了一下，那一刹那我就知道，艾琳死了。当瑞贝卡最终痛苦地叫出了我的名字，她声音里的破碎证实了我的猜测。

一位好心的非洲裔的士司机把我载到助产士办公室。车上的

* 一首歌的歌词。

广播报道，一场大海啸刚刚席卷了亚洲、印度和非洲，遇难者不计其数，以至于政府都无法准确统计死亡人数。湖滨大道在眼前飞逝，芝加哥铁灰的天气压在湖面上，观光客们在树下照相，滑冰，干枯的树枝在天空中蔓延，像脑干一般。

助产士办公室的接待人员沉重地看了看我，然后带着我找到了瑞贝卡。瑞贝卡等在椅子上，裤子拉链还是开着的，她正奔波于这个房间和那个房间，这项化验和那项化验，她左手拿着大衣，右手提着裤子。她用力地拥抱着我，好像我是她的孩子。

助产医生告知我们，可以给瑞贝卡做剖腹产，快捷又便宜。同时，她让瑞贝卡考虑自然生产，这样可以为她将来的生产积累经验。但是，这样时间会拖得很长，而且需要两到三个助产士。最后，瑞贝卡说“好吧。”她的声音听起来像个无助的小女孩儿。

我们驱车前往医院，住进了妇产科。瑞贝卡和我担心我们与普通的待产家长合不来，护士长向我们保证，静产也是生产，我们也是父母。“但是，你们将要经历的事情会很糟，”她说，“糟透了。”

我们的房间里放着糖果色的婴儿被和婴儿帽。我告诉正在给瑞贝卡注射催产素的护士，我们不需要这些。“这是为照相用的，”护士说。我盯着她，说：“我们不需要照相。”她拿走了婴儿衣服，但是入夜后，她又把它们拿回来了。放在房间最角落的桌子上，轻轻地说：“以防你们改变主意。”

晚上，隔壁房间传来声音，声音逐渐变大，直到传来一声婴儿嘹亮而愤怒的啼哭，伴随着人们的欢呼。瑞贝卡在被子里翻身，她只是一片阴影，我也是。

早晨，我们的床边坐了一个社工，她来问问，关于照片的事，我们是不是决定了。“我知道这听起来挺奇怪的，”她说，“但是像你们这样的父母最后总是又找到我，请求看一眼孩子的照片。你们难道不想保留看照片的机会吗？过一会儿回答我也行。”

“不想。”我说。瑞贝卡也摇了摇头。然后我签署了一份文件，保证以后不投诉任何人。社工问我们还有其他需要帮助的吗，任何事。我们说了半夜听到的声音，“那对你们来说太难受了。”她说。

瑞贝卡什么也没说。“是啊，”我说，“但那是生命的象征。”对我来说并不是的，起码现在不是，也许到将来的某一天会是的。

社工后来离开了，留给我们一本小册子，上面画了一只穿了衣服的小熊。一只蝴蝶停在了小熊的鼻子上，小熊对起两只眼睛，笑着。《当“你好”意味着“再见”》是这本小册子的名字。里面是有着同等遭遇的父母们写的建议和文学作品，没什么文采，感情也不是很丰沛。瑞贝卡把小册子丢在床头柜上，我却在每一个文字中找到了慰藉。

书里面还有很多黑白照片，是母亲们坐在医院的病床上，怀里抱着夭折的孩子，丈夫站在身旁。没有一张照片敢露出孩子的脸。

下午，瑞贝卡的闺蜜和姐姐来看我们了。她们来到时，我正坐在床边，给瑞贝卡大声朗读杂志上的文章，我们正在等阵痛加剧。我们显得特别正常。至爱亲朋发现没什么可安慰我们的，她们自己便哭了。

然后我们坐在一起喝茶，我们的助产士穿着一件开衫大毛衣，也和我们坐在一起。夜幕逐渐降临，但是没人站起来开灯。魔咒仿佛降临了这个房间，没有人敢打破。

我们在讲自己出生时的故事。我和我的双胞胎兄弟出生那会儿是 20 世纪 60 年代，那时还没有超声波，医生不知道是双胞胎。这个日本裔的医生对我父亲宣布这个消息的时候，充满了愧疚，“对不起，你有了两个健康的儿子，而不是一个，”他一边鞠躬一边说，“我只收你一个儿子的钱好了。”

当我鞠躬的时候，所有女士们都笑了起来。

瑞贝卡的阵痛加剧了。过不了一会儿，她所能做的就只有大口大口地呼吸。她静静地坐着，身体向另一个世界打开着，那个世界将会送来艾琳。闺蜜们离开的时候又哭了，瑞贝卡的姐姐说她也该走了，但是她又回来了，说：“我要留下来。”“我需要你留下来。”我说。她坐在我身边，陪着阵痛越来越频繁的瑞贝卡。

鲜血从瑞贝卡身体里流了出来，滴在地上。助产士在她身下垫了一条厚毛巾，防止更多的血流下来。我抱着瑞贝卡的一条腿，她姐姐抱着另一条，助产士在她两腿间弯下腰，准备接住生出来的尸体。

有人曾说，威廉 · 卡洛斯 · 威廉姆斯曾坐在一位濒死友人的窗前。他转头看向窗外，那里放着一辆红色的脚踏车，在雨珠中闪光，边上是一群鸡。现在，我看到是路灯黄韵的光，水迹斑驳的走廊墙壁和塑料扶手上挂着的蓝色毯子。我穿着黑色皮靴的左脚浸泡在妻子鲜红的血液中。

艾琳是臀位，所以她的屁股先出来。助产士说："用力！"瑞贝卡便用力，用力再用力。她那么用力，以至于艾琳已经暴露在外面的屁股中间，红色的肛门张开了，黑色的粪便掉了出来。

最后一次用力，瑞贝卡把艾琳一下子生了出来。我看着这具青紫的尸体，上面满是血块和脓水，滑进助产士的手里。护士剪断脐带，抱走了孩子。

我弯身在瑞贝卡耳边对她说，她刚刚完成了一件我见过的最勇敢的壮举。瑞贝卡竭力回应我，或是点点头，但是她已经累惨了。她闭上了眼睛。我把眼光转向了我们的孩子。

护士把艾琳残破的身体放在暖灯下，这样她摸起来就能保持温暖。护士问我愿不愿意剪下剩下的脐带。我剪了。脐带像活的，很有质感，像剪人的手指一般。

艾琳是红色的，黄色的，蓝色的。像被人狠狠地扔到墙上一般软塌塌的。她的鼻子仿佛被拽进了脸里面，整张脸看起来像一只哈巴狗。

"很漂亮的小姑娘，"护士说，轻抚艾琳的下阴部，"有很健全的女性特征。"她指着艾琳塌陷的鼻子说："这是因为她是倒着被生出来的，难产的婴儿鼻子最容易受伤。"

艾琳先是露屁屁，然后拉便便，现在鼻子又变形了。她甚至闻起来都很让人讨厌，她是个酸溜溜的小魔鬼，无论她曾经经历过什么，最终还是被生出来了。我费力地把我的女儿抱在了怀里。

给瑞贝卡做引产的护士警告我，“这个孩子没有一丝生气，因为她已经死了好几天了。”她没有血压，所以她的脸平铺在我的胳膊上，像融化的土豆一般。我把拇指放在艾琳的眼睑上，拨开她的眼皮，想看看她的眼睛，但是那牛奶状的一团液体让我却步了。她的颅骨碎了，当我捧着她的脸，颅骨就发出咯吱咯吱的响声。我看清了她的相貌，这并不像照镜子，照镜子的时候你只能看到自己的影子，看着自己的孩子，你便终于理解他人如何看你。

当瑞贝卡睁开了双眼，我把艾琳递到她的怀里。当她看到艾琳那张残破的脸，大喊："把她抱走，请你把她抱走！”瑞贝卡的姐姐走过去把艾琳抱走了。我坐在床边，上下拍抚瑞贝卡的背，好让她停止颤抖。姐姐抱着艾琳在屋子里走来走去，轻轻摇着，轻轻安抚。

这时，胞衣出了问题。在瑞贝卡体内生长了八个月的胎盘应该自动滑出体内才对，但是却没有。不知怎么的，黏在了子宫上面下不来。我们的助产士顺着脐带的一端用力拉，脐带居然断了。“不应该啊，”她说，“以前也有过类似的情况，但是很少。”她叫来了值班医生。

医生把右臂伸进了瑞贝卡体内，直到胳膊肘，深深吸气，呼气，然后用力拽。瑞贝卡的姐姐和我稳住她，防止她被拉倒。我感觉她体内有什么东西撕裂了，医生收回了手臂，拿出来一团模糊的组织，把它给了旁边的护士，并且再一次把手臂伸进了瑞贝卡体内，再次用力拽，收回手臂，手里拿着另一团紫色的肉块。“我不会让你去做外科手术的”医生说：“不会是现在，在你已经忍受了那么多痛苦之后。”她把发抖的手臂再一次埋进瑞贝卡体内。我扶着瑞贝卡，她的刚强化去了我的颤抖，这一次我没在看向旁边。

终于，医生站了起来，染血的手臂吊在一旁。“我觉得差不多了，”她说，让助产士和护士把胎盘的碎片收集起来送到实验室去。然后，瑞贝卡就发起烧来了。她冷得发抖，我和她姐姐找来一大堆毯子把她埋了起来。护士给她打了很多针，然后她沉沉地睡去了，她的睫毛仿佛一对倒扣的括号，把内心的秘密都掩盖其中。

现在已经很晚了，我和我的家人静静地待在一起。瑞贝卡露在被子外面的脸仿佛漂浮的月亮。我感到惊讶，好像她才是我新生的女儿，好像我们平生第一次见面。与此同时，艾琳的尸体躺在暖灯的光晕里。

晚上，护士进来通知，她要把艾琳抱走了，并且问我们是否希望再多和她待一会儿？

“不用了，”我说，“我们和她说过再见了。”

午夜，我惊醒。一个声音突然在耳边唱起艾琳的歌：“晚安，艾琳，”它唱到，“我们相见，只是在梦里。”就是这个旋律，我想。只是在梦里。绝不在现实中。给女儿起名字的那一霎，我就泯灭了她，我就已经杀了她。

我想起，这首歌曾经在雾气弥漫的酒吧里播放，曾经在电影落幕，灯光亮起时响起，曾经被大学一个叫佐罗的同学用破锣般的嗓子吼得震天响。佐罗，有一次在后院的聚会上，站在钢琴边，大声地唱："晚安，艾琳。"那时的我手里举着一杯啤酒在一边纳闷儿，这首歌我在哪里听到过来着。

我在十五年后的今天听到过。我沉沉地睡去，听到瑞贝卡在哭泣。我在黑暗中醒来，她确实在哭泣。我再次睡了过去。醒来后霎那的平静，在记起这一切并非只是梦之后，散去。

我们无数次听父母们抱怨，半夜被孩子的哭声吵醒是多么地恼人。我和瑞贝卡则不是，我们是被彼此的哭声吵醒。

我们一起淋浴，我极其小心地为瑞贝卡擦洗身体。医院为我们准备了鸡蛋和牛奶作早餐。我们开车回家，在铅灰色的湖边遇到大堵车。瑞贝卡走上台阶，我们公寓的门口放着一个大箱子，向门卫般杵在那里。我们知道箱子里是什么，不过我还是把它搬进门打开。瑞贝卡仔细打量着每一件连裤衣，围嘴儿和婴儿帽，然后把它们叠好，放进艾琳的抽屉里。旁边摆放着艾琳的小床和玩具。

我们躺在床上，蜷缩在一起。瑞贝卡的乳房开始淌奶，她把它们包好。

如果我和瑞贝卡生活在两百年前，那时的伊利诺伊州还只是一片荒芜的大草原，瑞贝卡可能已经生过一打孩子了。活下来的孩子能活到三十多岁，就像瑞贝卡现在的年纪。也可能，瑞贝卡在这个年纪已经死了，死于难产。但是至少，她能够亲手埋葬艾琳。她能带起黑色的面纱，穿上黑色的丧服，这样陌生人就会照顾她，而不是强迫她高兴起来，或者对孩子的死问东问西。没有人对她说，静产真是悲惨，你要坚强，因为那时候人人都流产过。

电话响了起来。只有最要好的朋友和家人用文字来表达他们的哀思。其他人都非得谈一谈，他们需要亲自感受一下我们是如何将生与死结合在一起的。

瑞贝卡的姨妈们非得登门拜访。她们希望我们高兴起来。她们比我们更紧张，大声地问候，戏剧化的身体姿态，近乎歇斯底里。一个姨妈大力地打开一袋炸玉米片，弄得玉米片撒得满地都是。我们和姨妈们来到客厅。

姨妈们争先恐后地说话，一个接着一个。我告辞说，得打几个电话，然后走进书房，关上了房门。这时候，电话响了，是我的项目主管。我告诉他我的女儿生下来就夭折了，他答应给我行一切方便，至少是目前。整个早上，我都在接电话。有一个朋友刚一听到我的不幸就崩溃了。她哭得比我还厉害，哭声在听筒中被放大了。

我向她保证我和瑞贝卡都很好，叫她不要过分担心。安慰她花去了我所有的精力，但是还是比待在客厅里好过一些。

还有一个朋友给我讲了他曾曾曾祖母的日记。这个女人在荒原上安了家，就像萝拉·英格斯·怀德那样*，她的作品已经被我收藏在了艾琳的小图书馆里了。读着她曾曾曾祖母的日记，我这位朋友不禁感到惊讶，“孩子夭折了”出现的频率极其之高，几乎每一年，都有“孩子夭折了”。

姨妈们刚一走，瑞贝卡再次发起烧来。不能再接待访客了，我们的助产士下达了命令。严格的卧床休息。瑞贝卡的妈妈从缅因州驱车赶来，帮我照顾她。新年的晚上，我们坐在她床边，一起在烛光下享用牛排和红酒。接下来的几个星期，瑞贝卡的妈妈帮我们采购，做饭，打扫屋子，给家具编制罩布。

瑞贝卡受不了了，“我必须得自己动手干活了，”她说，“我不是小孩子！”

她不想回旧公司上班。当恢复到可以到处走动的时候，瑞贝卡穿上正装，到城里的摩天大楼里找到了一份工作，那里的人除了她的名字以外，对她一无所知。

这时候，尸检报告出来了。艾琳的死因不明。

但是，我们必须得有一个解释。我们猜想可能艾琳听到我和瑞贝卡吵架了，我和她在餐桌旁“邦、邦、邦”地拍桌子，大吵大叫吓到了我们的孩子。

瑞贝卡记得在一次聚会上喝醉了酒，那时候她还没发现自己其实已经怀孕了。她的血糖有时候忽高忽低，她的甲状腺也曾经

---

* 美国作家，作品大部分是以萝拉童年时代的西部开拓故事为背景的系列小说，最有名的小说是《草原小屋》（*Little House on the Prairie*）。

不正常。

圣诞节前，我听到一则轶事。海明威曾经扬言他可以写出一本只有六个字的小说，他拿起笔在一张餐巾纸上写道：“销售：童鞋，全新。”此刻，我沉痛而嘲讽地重复着这句小说。

那首歌一直缠绕着我。午夜，我第二次梦见了它，犹如呼吸般悄无声息地来临。而我最终发现了原因：这首歌是约定俗成的，没人知道它从何而来，它漂浮在我们文化的空气中。

我听到她最后对我说：“请再给我唱首歌吧，就一首。”

晚安，艾琳
艾琳，晚安
让我们在梦中相见

上周六的晚上，我们结婚了
我和妻子安居在一起
但是，如今我们彼此分离
我再次独自游荡在城里

别再赌博，别再游荡
别再彻夜不归
回家吧，与她相依傍
坐在温暖的炉火旁

艾琳，上帝为证，我爱你

直到海枯石烂

如果你对我不睬不理

你将看到我伤心地死去

哈迪·莱德贝特*也叫莱德贝利，被大多数人认为是这首歌的作者，但其实他只不过是第一个将这首歌记录下来的人罢了。据传说，哈迪以谋杀罪名被判入狱的时候，听到了这首歌。他出狱的时候，这首歌使他功成名就，同样，他也使这首歌人尽皆知。

我和瑞贝卡努力着坚强起来。但是，当我试图讲个笑话的时候，她却说我们唯一的孩子死了，你怎么还笑得出来；当她试图去看看朋友的时候，我却说你怎么能留我独自悲伤。我们试图坚强，我们也在彼此伤害，我们试图正常，我们也变得麻木。

一个下着雨的周六，我们一起来到科学与工业博物馆，这是一个人体展览，所有的人体标本都保存在塑料有机容器里，使我们相当震惊。瑞贝卡观看展览的时间比我长了一倍，她到博物馆里的永久展厅观看婴儿标本。在回家的路上，瑞贝卡很镇静，甚至称得上平静，仿佛那些被保存在罐子里的婴儿告诉了她，艾琳不是唯一。

一个月后，我们做好了第一次出门正式拜访朋友的准备——

* Huddie Ledbetter，美国二十世纪的民歌大师，被誉为“美国传统民歌的大百科全书”。

在朋友家吃晚饭。这个朋友已经怀孕八个月了。她和她老公搬进了一所大房子里，所以安排了乔迁晚宴。我们的车来到了她家车道上，已经有点儿迟到了，瑞贝卡却开始哭了起来。“我做不到，”她说，“我真的做不到！”

后边的车一直不停地按喇叭，我把车停到了一边。一个多月以来，我已经快被家人淹没了，我需要朋友，朋友！

瑞贝卡需要独自待一会儿，所以我送她回家。回家的路上，她唯一说的话是不想把自己的霉运带给别人。我对她的迷信将信将疑，她拒绝再做任何解释了，只是说：“我真恨我自己。”

我想和她争辩，但是却不知从何辩起。我把她放在家门口，驱车返回了朋友的家，那里的房间还是空着的，地上到处是纸箱，我随手从里面拿起了一个砂锅，展开了话题。我们除了那件事之外，聊得天南海北。

情人节之后，我和瑞贝卡参加了一个医院组织的聚会活动，来的人都经历过“妊娠损失”，如难产，小产，畸形儿和静产。

桌子上摆着咖啡和没有被动过的饼干，桌边坐了20多位紧张的人们，其中一位妇女满面怒容地流着泪。她说，她曾经有一个女儿夭折了，现在所有的人都假装这个夭折的女儿从没有存在过。人们马上对她表示同情，并且表示了同样的愤慨。然后我们每个人轮流讲述自己的遭遇，终于，有人和我们产生共鸣了。这一次，社会在受审，我们是陪审团。

这个房间以外的人都认为再生一个孩子可以减轻失去这个孩

子的痛苦，仿佛死亡是一道数学题，可以通过加减法来解决。每个人都很支持我们，但是他们都私下里希望这件事赶快过去，一切赶快回到正轨。好像“正轨”是可以选择的，好像真的有“正轨”这么一回事似的。好像哪怕多一个人劝慰我们节哀顺变，我们的悲哀就可以消除一般。

我问屋里的其他人，“如果有人问：‘你有孩子吗？’你们怎么回答？如果我说‘有’，他们就会继续问东问西，如果我说‘没有’，那我就是在撒谎。”

没人知道该如何回答我的问题。

这时候，一位墨西哥妇女对她的翻译说着什么，她的丈夫捏了捏她的手以示反对。她说她曾经怀过一对双胞胎男孩儿。前五个月，一切正常。然后，超声波显示，其中一个胎儿的心跳停止了。他已经死了，但是也没死，他哥哥的心脏供养着两个人需要的血液，他哥哥维持着他的生命。但是这个哥哥终归也是要死的，因为他的心脏承担不了如此重的负荷。所以她去找了专家，把已经死了的弟弟去掉，让活着的继续活下去。但是，不幸的是，手术没有成功，两个胎儿都死掉了。

“我的心啊，”孩子的父亲说：“撕裂地疼。”

我哭了，不是因为我自己就是个双胞胎，也不因为我理解他的痛苦，虽然我真的理解他的痛苦。我哭了，因为我听到的事情，比发生在我身上的更为可怕。这是释放的眼泪，这是缓解的眼泪。我还是很幸运的，我们还是很幸运的。这是第一次，自从艾琳夭折之后，我不再气愤了。

我开车来到一个自称为“家”的地方接艾琳回家，付钱给殡仪人员代办手续。骨灰装在一个有木纹装饰的盒子里，盒子里有一个镀金的罐子，里面是封口系紧的塑料口袋，挂了个小牌，写着编号：蒙特罗丝公墓 27683。

回到家，我把塑料袋拿了出来，扔掉了木头盒子和金属罐子，把小牌和死亡证明（根据法律规定没有出生证明）装进一个信封里，封好封口。经过深思熟虑，把信封放在医疗保险单的文件夹里。又经过一番深思熟虑，我重新拿了一个文件夹，起名为艾琳，然后把信封放了进去。我哭了，这就是我对她仅有的责任了。

她的骨灰不像烟灰，是沙子状的，里面有未焚化充分的骨头颗粒。像沙滩上的贝壳珊瑚碎片，标示出海潮退去的痕迹。骨灰没多少，一两把的样子，一个四口之家海滩之行回来后从鞋子里抖落出的沙子有多少，骨灰就差不多有多少。

我和瑞贝卡对于用哪个罐子来盛艾琳的骨灰心里早已有数。那是一个只能放得下一朵花的陶艺小瓶。小小的圆底扩展成球形的瓶身，最后汇合成一个小孔，孔很小，通过它，你无法看见瓶内。你能把东西放进瓶子里，但是却不容易拿出来。

瑞贝卡给瓶子上了一层亮灰色的釉，仿佛多云的天空下的冰。灰釉下有一层细密的裂痕纹，这样的花纹你在很多茶壶上也能看到。瑞贝卡把瓶子反转过来，底朝上，在瓶肩上刷上了一层较深的灰色，灰色沿着裂痕纹浸润在瓶里，形成无数个冬日乌云里飘散而出的小雪花，在瓶口处汇集。瓶身上还有很多煤炭烧过的痕迹，这个瓶子和我女儿一样也进过火炉。

我把骨灰倒进一个碗里，用纸叠成一个漏斗，把骨灰倒进瓶子里。沙沙的声音像沙漏里留下的沙子。我把艾琳较大的骨灰捡起来，一片一片地放进瓶子里。如果有哪片骨灰太大了装不进去，我就把它拣出来。然后怎么办？什么？用锤子砸碎？到最后，我发现只有一块大碎片装不进瓶子里。我把它捡起来仔细观察，原来是一个融化的衣服拉锁。我提醒自己现实一点儿，瑞贝卡回来后提醒我，艾琳的衣服上没有拉锁，这个是尸体袋上的拉锁。

虽然我绝不会忘记艾琳，但是我已经忘记了她的模样。我再也想不起她的面容。因为当时没有照相，所以我们仅有的是她的超声波照片。我时常不断地看这张影像，它是那么的模糊，幽灵一般聚集在一起雾气，我女儿可以是任何模样。

后记：2006 年 5 月 22 日，瑞贝卡和丹尼尔迎来了她们第二个健康的女儿，维拉·拉伯恩。

莫名的哭泣

迪恩·白克波罗

圣诞节前夜，北风呼啸，大雪飘飘。我女儿莉迪亚在转圈跑，哈哈大笑，摇头晃脑。她三岁半了。虽然有房顶上的圣诞老人和驯鹿，有圣诞树旁的爸爸妈妈，她还有更期待的事情——站在聚光灯下。再过几分钟，她就要登台表演了，戴着我那艺术家妻子阿曼达为她量身绘制的面具，扮演一头见证了救世主降生的驴子。

我们在村中的小教堂里——威斯康星州道奇维尔的普利茅斯基督联合教堂。再过几分钟教会周日班 08—09 级的表演《友善的野兽》就要开始了。莉迪亚简直控制不住自己了，她跳来跳去，紧张地大笑。我觉得她就好像每次上台演讲之前的我，表面上是个快乐的小丑，内心里其实紧张得要命。她的小弟弟，一岁多的阿莫斯，又喜又怕地看着莉迪亚在后台跳舞。

莉迪亚不像其他等待上台的孩子，她十分清楚自己的角色，她知道一头驴子应该怎么唱歌。她已经练了好几个星期了，志在震惊全场，如今她已经整装待发了。

当站在台上，除了莉迪亚，孩子们个个都好像聚光灯下的鹿，唯独她不一样，莉迪亚很在状态。我站在观众的前排，透过相机看着我女儿的脸，我发誓她正在告诫自己：你是驴子，你是驴子，你——是——驴子。

音乐开始了。莉迪亚是唯一一个唱歌的孩子，当驴子的部分开始的时候，我妻子给莉迪亚做了“预备”的手势，但是莉迪亚把它错当成“开始唱”的意思了。她开始全身心地大声唱：“我说驴子”，她唱到（非常不错，音很高），“棕黄色，毛茸茸。”

但是莉迪亚唱早了，而且旁边六岁大，扮演圣母玛利亚的小女孩儿也觉得她唱早了，因为别人都还没开始唱。原来是钢琴师在正式乐曲前弹了一遍过门。玛丽亚转向驴子——我那小女儿，然后严厉地“嘘”了一下。莉迪亚立刻没声儿了，脸色大变。教堂的唱诗班——作为后补——弥补了空白，接手了驴子的歌词。我女儿摘下驴子面具，绝对的垂头丧气。她什么也没说，眼睁睁地看着她的重要时刻就这样被剥夺了。然后，她突然冲着玛丽亚“嘘”了回来，眼含着泪水，从舞台中间走下台，扑进了我妻子的怀里。

我发誓我听到莉迪亚那颗小小的完美的心脏碎了，散的到处都是。

接下来在婴儿室里，我和妻子圣诞节前夜的活动都用来听莉迪亚嚎啕大哭了。她哭了大概十五分钟，还乱丢东西，并发誓要把玛丽亚的手割下来。她刚看完《帝国反击战》，被达斯·维达一击斩断天行者卢克的胳膊震惊了，真是绝妙的报复。莉迪亚彻底的崩溃了，绝望得要命，随着每一次抽泣，肩膀一颤一颤。妻子和我，同是从事艺术的人，知道失败的痛苦，所以我们由着她尽情发泄。

我十分想回到教堂里，打断所有活动，再给我女儿一次机会。虽然我是个父亲，我可以弥补很多事情，但是我不能弥补所有的事。我无法保护她，让她免受痛苦和失败，或是恐惧、焦虑和悔恨。

活动的最后，我们回到教堂的长椅那儿，点上蜡烛唱《安静的夜》。莉迪亚看起来好像从"嘘"事件中走出来了，但其实她并没有张口唱圣歌。她仍然气愤，像一头獾一样，对坐在另一排的玛丽亚一家气愤。但是，过了一会儿，她就和玛丽亚、乔瑟芬，还有别的"友善的野兽们"在教堂地下室里开心地疯跑疯闹起来了，通常这样的追逐打闹是被禁止的，但是今天是圣诞夜，没人勒令孩子们安静下来。相反，我觉得最后可能还会有一些大人参加到孩子们的追逐嬉笑中。我们都需要一点点极端的释放。琐碎的杂务，家庭的责任，不稳定的经济形势和无尽的社会义务让我们太过疲惫。

没过多久，我们就回到了家。我们那维多利亚式的四口之家，房间里装饰着彩灯，还有一棵漂亮的圣诞树，院子里堆满了积雪。我的生活是一张明信片，我想，一直以来都是这么幸福。

上床之前，莉迪亚打开了几个礼物。阿莫斯早就已经睡着了，莉迪亚还谈论着晚上的突发事件，但是已经不那么暴躁了，然后也渐渐入睡了，我在看电影《美好人生》的最后30分钟，她就蜷缩在我身边。阿曼达在隔壁包装礼物。我穿着睡袍，时不时喝上一口加了冰的爱尔兰威士忌，怀里抱着自己的女儿，泪水决堤而下。面子的关系，而且妻子就在隔壁，我强忍住无数声抽泣。

喝完威士忌，我把莉迪亚抱上床，给她盖好被子，然后来到楼下。妻子正在给一个礼物系上黄色的丝带，屋子里弥漫着圣诞节轻音乐。她看着我的脸。

"怎么啦？"她说。

"要不是玛丽亚嘘她，她一定能唱好驴子的歌。"我说，"你看见她脸上的表情吗？"

我又开始哭了。

"我知道。"阿曼达说，"我知道。都是我的错，我太早给她打手势了。"

喉咙哽咽着，我们的眼睛里都含着泪水，我们一起包装礼物。

我们是不是反应过度了？好吧，是的。圣诞节的早晨，莉迪亚醒来的时候看到圣诞老人送的礼物将会特别高兴，比唱驴子歌还高兴。她将笑着醒来，恢复如初。这不是灾难，不是悲剧，但还是有悲伤。

对我来说，当经历过一次次"小悲伤"，我们才能成长为成熟的父母，在每一次悲伤时刻，你会意识到，我们不可能使孩子们免受世界带来的一切伤害、侮辱和灾难。事实上，孩子是人，我们也是人，孩子将与父母一起体验悲伤，甚至有时候，不管你多么努力避免，她们的悲伤正来自于你。

这就是为什么，我现在成为了一个常常哭泣的男人。

我不能说自己以前从来没有哭过。我以前并不是一个刚硬的战士。但我是乌克兰、希腊混血，这两个文明都崇尚能够承受负荷的男子汉。但是，自从我成为了一个父亲，在听当地广播的时候，我也会哭，而在以前我听了这些陈词滥调会呕吐。我家的老狗跑进树林里我会哭，别人家的孩子洗礼我会哭，看到《查理布朗的圣诞节》* 结尾我也会哭。

我不知道这是不是正常。是不是所有的男人直到看到自己的女儿遇到困难才会意识到这个世界的可悲之处？要么其实我们知道世界的悲哀，但是看到那么一个小生命，一个我们爱得比谁都深的小生命也要遭遇这世上的无奈，这才最令人心痛。

莉迪亚出生后的几个月，我们养的猫死了。它得了癌症，发生得非常突然，它才只有八岁。我其实不是个爱猫的人，但我是爱威利斯的人。我对这只猫的爱是无限的。当我在它的猫粮上撒上美味的金枪鱼的时候，它会高兴得喵喵直叫。每个写作的清晨，它会坐在我身边的椅子上，一边等待日出，一边喵喵叫。当我和

* 又名《史努比，圣诞节快乐》。

妻子结婚的时候，它还是只小不点儿。那时我曾大声宣布，威利斯不能进卧室。当晚，威利斯在卧室门外叫，声音充满了孤独和惶恐，所以我就陪它睡在客厅的垫子上。我在客厅睡了一个星期，希望它能慢慢学会自己睡。最后，我妻子，阿曼达命令我让猫到卧室里来，这样她就不用自己一个人睡了。威利斯进了卧室就再没出去睡过。我却得了哮喘和荨麻疹。

威利斯死后，我整整哭了两天，都不敢相信自己竟然这么能哭。我抱着我那四个月大的漂亮小姑娘。莉迪亚在笑，在喔喔啊啊地叫，她爸爸抱着她，努力回应个笑脸，但是他却在哭。第二天，隔壁的邻居家也生了个小娃娃，真替他们高兴，但是我还在哭。世间充满了奇迹，我的周围充满了奇迹，而我却忙着为一只猫掉眼泪，我之前从来没为其他任何事物、甚至任何人如此悲伤过。

我想，这就是我之后莫名哭泣的开始。

威利斯下葬后的几天，我离家到蒙大拿的米苏拉进行演讲，那里在下雨，我基本上都待在酒店里，想念我的猫。或者到酒吧里，点上一杯两美元的啤酒，在光盘架子上寻找关于猫咪的歌曲，感觉糟透了，在窗外紫色高山的阴影下，更加感觉自己的渺小。我也想念莉迪亚，自从她出生以来，我还从来没离家超过 24 小时，四个月了，我也没睡过一个囫囵觉。莉迪亚睡眠反而很好，但是他爸爸不行。我每隔几小时就惊恐地醒来，看看她是否还在呼吸。在蒙大拿我第一次一晚上睡够了七小时，醒来时，却感到寂寞和压抑，一点儿也不清爽。

让我们再回到我的猫那里。

威利斯一直以来都被保护得很好，是一只养在屋子里的猫，因为我们门前的街道常有公共汽车驶过，家里的院子也不大。再说，周围有很多凶悍的猫，狡猾的街猫是地区的统治者，所以我担心威利斯在外面会吃亏。事实上，我有点过分了。我在访客面前曾反复重申威利斯不能被放出屋子的原因。我和阿曼达还对保姆下达了详细的指令。

八年来，我对威利斯实施严密的保护。可是威利斯却死了。我保护它，纵容它，给它想要的一切，它却在发病后的几天就死掉了。我看着它离开。我遭受了打击。我最终还是没有保护好它。它那么痛苦，我却束手无策。新为人父，我很烦恼、很恐惧，我很明白。我确信，这就是导致每一次哭泣的根本原因。

我记得《麦克白》第三幕第五场的剧情，当麦克德夫得知他的妻儿在一场大灾难中被杀时，他哭喊着说出全场最震撼的台词："什么？我的可爱的鸡雏们和他们的母亲一起葬送在毒手之下了吗？"

麦克德夫的哭泣被马尔康斥责道："拿出男子汉的气概来！"

麦克德夫反诘道："我要拿出男子汉的气概来，可我也是人啊！"

我了解，所有的父母都经历过这样的黑暗时刻，我们都曾想象过灾难可能降临在我们的孩子身上。我们想过战争或麦克德夫一家遇到过的暴力；还从看过的新闻联想到最糟糕的情况，比如致命的病毒、灾难天气或环境的崩溃。我偶尔会在午夜惊醒，担心这些灾难的降临，还担心一些不那么可怕的事情，比如乳糖不耐症、健康保险金不够用或者大学的开销等等。

担忧仿佛是父母不可避免的。这是事实：我看太多新闻了，总是从最糟糕的方面看待问题。

但是，这不能解释我为什么时常在杂货店货架前哽咽，然后躲到角落里让自己镇静下来。也不能解释为什么清晨散步之后我的眼睛会红红的。

当发现莉迪亚以惊人的速度长大时，当意识到她成长的每一天都充满了新的生活经历和认知时，我开始拒绝。有的时候，人就是很小气，没有任何原因。有的时候，人很失败。有的时候，人必须被打击一下，而且这很疼。

因为工作关系，最近我和家人搬到了爱荷华州的埃姆斯。离原来住过的威斯康星小镇有四小时的车程。

搬家之前，我发现自己再一次失眠了，想象着莉迪亚不情不愿地在自己的小房间里收拾搬家的行李，我哭了，她爱自己的房间。想象着她和心爱的朋友汉克和弗兰妮道别，我哭了。想象着她和小镇上熟知的人们——五金店老板斯蒂夫、咖啡馆里的招待说再见的时候，我哭了。想到她要离开刚刚开始熟悉的运动场，离开刚刚能够触到底的公共游泳池，我哭了。

我发誓，那些有孩子的家长，那些经历过更加痛苦灾难，比如疾病、残疾、丧偶的家长们，会觉得我很可悲。他们可能终日盼望他们的生活可以像我的生活那样简单。

其实，我只想表达一个很简单的意思：以上我所描述的事件，圣诞节的演出悲剧，搬家到陌生地，对一个三岁大的孩子来说，都非常重大或悲惨。第一个孩子的出生，不仅给我带来巨大的天伦之乐，还在我面前展现了一个全新的世界：一个伴随着不确定性和痛苦的世界；一个我无法掌控的世界。

拿出男子气概来?

但是，我也是个人啊。

莉迪亚降生的几个星期之后，发生了一件奇怪的事：我们的邻居在家里养了小鸡。

麦迪逊地区出台了一条新法律，允许居民们在自家后院的栏舍里最多养六只鸡。在麦迪逊，这可是件大事。人们开始狂迷养鸡，包括我的邻居们。我虽然不是超级养鸡迷，但我也觉得这件事挺有趣，有一群小鸡在我们家后边跑来跑去（随后，我发现这件事其实很可怕，毕竟这一年禽流感肆虐，我必须无数次地给自己和莉迪亚洗手）。

有一天，不知从哪里飞来了一只鹰。它可能要去湖边和镇那头的植物园，正巧路过此地。它在空中盘旋了好一阵，俯瞰着我邻居家的鸡。邻居发现了鹰的图谋不轨，于是决定在他们上班的时候把鸡关进鸡笼里，白天不让它们在后院里自由活动了。

但是一周之后，我发现这些小鸡们正在草地上啄来啄去，尽管邻居当时并不在家。

晚上，当邻居回家后，我向邻居询问原由。

“嗯，其实，好吧。我们决定让鸡成为真正的鸡，有时候，鸡被鹰吃掉很正常。”

这是一次很短暂的谈话，不过是两个邻居谈论他们的后院，但是却给了我深深的启发。“我们决定让鸡成为真正的鸡。”

作为一个父亲，我必须反复提醒自己。当看着我的女儿和我现在新添的小儿子，看他们忙着生活、体验失望和迷茫，我必须阻止自己奔上前去为他们遮挡一切痛苦、修正一切错误，我必须抗拒试图控制宇宙的冲动。所有这些被埋没的冲动，必须有另一种发泄方式。

对我来说，这种发泄方式就是眼泪。现在，看到小鸡，我也会哭。

朋克摇滚的乐器管理员爸爸

罗伯 · 斯皮尔曼

我女儿很可怜，因为她今年十三岁。我记得 1978 年自己十三岁的时候，简直是一团糟。但是，我的生活因为摇滚而获救。雷蒙斯（the Ramones）、性感手枪（the Sex Pistols）、传声头像（the Talking Heads）* 的朋克音乐满大街都是，但是在我们学校却销声匿迹。在巴尔的摩的男子拉丁文学校，我的同学们崇拜的是齐柏林飞船、空中铁匠和范海伦的传统摇滚。

在来巴尔的摩之前，我和单身的同性恋父亲住在柏林，这是古典音乐的世界。我的父母都是美国古典音乐家，在我三岁的时候，他们离婚了。十一岁时我和妈妈搬到巴尔的摩，并且加入了白种人男子拉丁学校。在柏林，我是个被排斥在外的人，在这个城市里充满了和我一样被排斥的孩子们。在男子拉丁学校，在这个充斥着同性恋歧视、种族歧视和反智主义的地方，我大大地被排

* 雷蒙斯（the Ramones）、性感手枪（the Sex Pistols）、传声头像（the Talking Heads）都是摇滚乐队。

斥在外了。我住在城里，每天早上都要骑车到城市边缘去上课，我的同学们开着宝马跑车从身边呼啸而过，有些人从车窗里探出头冲着我大喊："德国佬！"

我用自己的补助金买了一张坦迪立体声电唱机。晚上我就听广播，音量调得极小，以免打扰了楼下的妈妈。有一天，我无意间调到一个大学电台，正在播放传声头像的《精神病杀手》。我很害怕，同时也很着迷。之后，金发美眉（Blondie）、雷蒙斯（the Ramones）、地下丝绒（the Velvet Underground）、电视（Television）、快乐分享（Joy Division）、性感手枪（the Sex Pistols）* 接踵而来。那时对朋克摇滚还不了解，但是我知道这是全新的事物，和男子拉丁学校的一切都不一样，更别说我父母的古典音乐了。这种外星音乐在卧室里飘荡，我感觉自己并不孤独。还有别人，此刻也正在倾听这种愤世嫉俗的外星音乐；还有别人，也不合群。听着这种音乐，我仿佛融进了一个更大的集体——他们行为怪异，他们是被排斥在外的人。

在学校的第一年，我上了很多选修课，这样我就可以提前一年毕业。朋克，一股新的地下音乐浪潮，成为了我的生命线。音乐是我的动力，充满了负面的魔力——在我的音乐泡泡里，因为喝了很多酒，我头脑混沌，身体用力敲击地面；入夜，我就在舞池里用力敲击地面。

---

* 以上全部为朋克摇滚乐队。

1981年，我十六岁。我是个双色朋克，领子上别满了徽章。周末，我和学校的其他两个朋克一起到位于市中心一家酒店地下室的大理石酒吧，那里的每一寸地面都铺满了黑色大理石。那里有TSOL、黑旗（Black Flag）、X、999和旋转蠢蛋（Circle Jerks）的演出，声音大，节奏快。音乐成了我内心愤怒的外化表现。“快速的生活，年轻着死去。”旋转蠢蛋如是说。这是世界的尽头，对于十六岁以后的生命，我一点儿想法也没有。我把自己包裹在自恋的音乐里。

时光飞逝三十年。

我又回到了酒吧和俱乐部，这次是在台上，拖着鼓和电吉他。一个留着长头发，穿着黑皮衣的小青年帮我安装好了乐器。我十三岁的女儿，站到她的位置上——工具箱后边，开始嚎唱。通常那个沉静的青年这会儿要猛烈出击了，她染成紫色的头发在空中翻飞，仿佛正在把自己往鼓和其他打击乐器上猛撞，声音随着另两个乐队成员跳上跳下的节奏传进话筒里。

三岁的时候，雷蒙斯就能使伊莎杜拉笑，而莫扎特则使她大哭。她摒弃钢琴，开始弹吉他。八岁的时候她就嚷着要加入波特兰的女子摇滚乐夏令营。尽管她是其中最小的孩子，尽管她很害羞，她还是想去。不仅如此，她开始不愿意弹吉他了。“那东西声音不大。”她说。她想要打鼓。夏令营很快接纳了她，一周后，她已经成为乐队的一员了，并且在500个尖叫着的粉丝面前登台演出。

当伊兹*回到布鲁克林的家后，她和好朋友们组建了一支乐队。我从没有胆量在乐队里演奏。我弹奏过钢琴，练得很敬业，但是缺乏激情，也在几出戏剧里表演过；我可以唱歌，像我父母那样，音高很不错，但是在酒吧的舞台上演出、把内心的狂乱演绎在外，我可绝对做不到。

约翰·列侬，本名约翰尼·罗顿，一线大牌摇滚明星，曾经唱过“愤怒即是力量”。对我来说，愤怒是消极的力量。

愤怒、怨恨可以掩盖欲望和嫉妒。莎士比亚曾写道：“我是否过分抗争了？”我是否想加入拉丁学校的帮派？我是否想融入统治学校的大块头们？我是否想四年后考入生产中产阶级的英美合璧的大学、参加大学兄弟会、和大姐姐一样的女生约会？

不，一百万次不，但是也许稍稍有那么一点点愿意。

看着女儿做着我不敢做的事，很奇怪，而且会继续奇怪下去。我为她骄傲，我也希望过去的自己能够像她那样。女儿在十二岁就敢翻唱快乐分享乐队的《她疯了》，对我来说，这首歌已经是极限；而对她来说，这仅仅是开始。音乐带给她的是精力，是控制繁复内心情感的力量。雷蒙斯乐队的《我要沉着》，冲击乐队的《是去是留》。现在伊兹和她的乐队——“着火的爱心熊”创作着自己的歌曲，将内心的彷徨、恐惧和希望都转化为音乐。

很早的时候，女儿就开始合着自己的鼓点跳舞了。五岁的时

---

* 伊兹，伊莎杜拉的昵称。

候，当被问起是否愿意参加足球队时，她往往会坚决地说："我绝不穿任何制服。"

我发现了这一倾向，并且开始担心她这种不合群的态度是否会导致孤立和孤独，但是我的操心是不必要的。不加入团队不代表她不去看，不去给朋友们加油。她不像我，她发现，一个人向生活的一方面说了"不"，并不代表她也拒绝了生活的其他方面。生活并不是非黑即白。

当她上五年级的时候，有一次，我和伊兹的妈妈领着她走在大街上，正好碰上与她同学校的阿尔法女孩儿*。女孩儿看到了伊兹，并向她笑着问好，伊兹点了点头，然后继续走路。

"你干嘛不停下来和人家说说话？"我妻子问，"她不想和你做朋友吗？"

"没错儿，她不想。因为有你在，她才停下来表示一下友好而已。"伊兹回答。

"但是，你不关心她是怎么看你的吗？"她妈妈问道，明显想起了自己在学校受欢迎的黄金时代。

"一点儿也不想。"

虽然我和女儿的音乐经历不同，但是我们却都是被排斥在外的人。她也被学校排斥，这一点非常像我。当人们得知我女儿的乐队时，总是会产生一种共同的误解，那就是她一定在中学里非

---

* 阿尔法女孩儿（the alpha girls）指在读书、体育、领导能力等各方面都凌驾于男学生之上的新一代少女。

常受欢迎。这种看法让我的女儿和她的乐队成员们笑破了肚皮，真是谬之千里啊。

每所学校都有一个学生党派。这群孩子害羞、兴奋又肤浅，他们差不多只是十二三岁。他们的行事大大违反了社会行为规范，甚至让托尔斯泰和普鲁斯特*瞠目结舌。伊兹参加了在得克萨斯南部音乐节三天四场的演出，回来后，学校小气鬼的女孩儿们却对她说："天啊，你错过了史上最棒的修指甲晚会，几乎每个人都来了。"

如果是我，我就什么也不回答，扭头回家听我的地下丝绒的唱片。而伊莎杜拉却让那群傻女孩儿迷上了她的歌——《讨喜者》、《五分钟男朋友》、《其他所有的人》。

看着伊兹驾轻就熟地徜徉在地狱般的中学里，我感到由衷的自豪。我嫉妒她的自信、她对待朋友和兄弟的勇气与善良。我敢说，我不是她的榜样；相反，她才是我的榜样。

---

* 普鲁斯特（Proust）法国著名科学家，创普鲁斯特定律。

给菲比当教练

大卫·斯科特

在女儿中学足球队的临时训练场上，我刚刚摆放好八个安全堆，间隔三英尺。我是教练，自从我接手球队以来，三年了，我们只赢过三场比赛。办公室的女同事却要为我做一件T恤衫，上面印上“校史上最能赢球的教练”。不是讽刺，是事实。

这些孩子都是文艺青年，他们的父母要么是教授，要么是音乐家，足球对他们来说无足轻重得很。有些队员看到足球过来就跑开，脸上是惧怕和躲开球的兴奋。其他孩子有些教条，我叫他们到一边去练球，他们就真跑到场地边线上，而且还叫不回来。他们永远想不起佩戴装备，即使想起来了，也不懂怎么用：是袜子套在绑腿外，还是绑腿绑在袜子外?

他们在其他方面非常聪明。这是一所实验小学，我们的足球场在一所房子的后面，紧挨着树林。训练的时候，我得时常提醒他们把眼睛放在我身上，别忙着看挂在树上风干的鹿角。我想说的是，这不是个普通的运动队。

我正在向学员们解释他们的训练任务，我要他们在 30 秒钟之内尽可能多地射门。我女儿菲比，耳朵听着我说，眼睛看着球门，可能正在琢磨射门路线。

菲比在队员中个子最矮，是个瘦削的十三岁姑娘，但却是这个男女混合队里最强悍的队员，使其他孩子相形见绌。三年前我接管球队，当时菲比五年级，她踢中卫，就像橄榄球里的四分卫；现在她八年级了，简直就是个神话。

菲比已经准备好怎么穿过障碍射门了，所以我结束了训话，说："准备，开始！"她冲了出去。现在已经是十月下旬了，我们刚刚改成秋冬季作息时间。落日前的余晖洒在她褐色的头发上，漂亮得很。她的动作就像一个专业的足球运动员，用脚的外侧断球、用鞋底的防滑钉运球；她的马尾辫在脑后荡来荡去，没有比这更漂亮的了。

惊慌和兴奋的尖叫充斥着整个操场，足球在我耳边呼啸而过。

我从小到大都在打篮球。作为一个乡下孩子，我经常冲进宽敞的谷仓里打球。上高中之前，我参加了一个夏令营，直到那之前我一直梦想着成为大学里的篮球名将（像我叔叔那样）。夏令营的教练让我当队长，后来，有一天问我父亲有多高。

"差不多五英尺八英寸*。"投篮之后，我一边喘着粗气一边笑着回答。我是个激情四射的小伙子，脾气也大，一点儿也不安静。

* 相当于1米7左右。

“你还做其他运动吗？”他问。我认为他真的是在为我考虑。但我是个篮球运动员，正期盼着进入高中篮球的黄金时期。说实在的，我很震惊。

“棒球，嗯，还踢足球。”

“很好。你可以多考虑考虑这些运动。打篮球对你来说太难了，这是高个子的运动。”

那个夏天剩下的所有时间，我都在投球。把叔叔送给我的旧篮球狠狠抛向夜空，蝙蝠被惊起，消失在新罕布什尔蓝黑色的天际。

足球。很适合我这样的身体，需要很多的跑动，还有广阔的场地。我可以独自练习很多小时，对着谷仓的墙壁练习射门。很简单，我喜欢。也很复杂，需要高超的技巧和创新主动性。这项运动，让我沉浸了30年。

在大四那一年，我终于成为了大学校队里面的佼佼者，我的球队赢得了全国总冠军。刚进维拉诺瓦大学第一校队的时候，我只是个替补。我在纽约-新泽西城市联合队踢了一个赛季，在格林斯博罗队踢了几个赛季，后来该队成长为本州的主力球队。可见，我在足球的食物链里已经走得够远的了。

但是我却让自己的孩子们远离专业运动。美国的运动工厂把孩子们吞进去，磨碎了，再吐出来。这让他们厌烦运动，而非他们一生的追求、创造和健康伴侣。疯狂的家长和教练们把输赢作为唯一评价成功的标准，并且摒弃那些不这么认为的孩子们。这样，我们就失去了他们，不是输给了足球之外的其他运动，而是彻底输给了苍白的室内活动，比如说网络游戏。

所以，我尽自己所能地让孩子们远离专业运动。但是，真的，我很希望他们玩耍。当菲比五岁、我儿子芬三岁的时候，我们住在一片绿地对面。那时候我们常常踢球，没有边线，没有对手，没有球队，没有教练。我踢，他们跟着我踢。我们玩躲球，玩逗猴子，玩用球踢倒隔离堆，站在原地射门。菲比跑得很快、很强悍，表现出了先天对球的喜爱。当她最终踏上真正的足球场地时，她已经是一名合格的足球运动员了。她天生平衡能力就很好，动作高雅优美，同时充满了力量和决心。

有一次我们玩“十个以下”的游戏。有一个队员把球踢到了菲比脸上，菲比被踢得脚都离开了地面，背部着地狠狠地摔了下去。她爬了起来，继续踢球，直到把球夺了回来。她叫了暂停，扑到我怀里哭了起来。哭了大约有七秒钟，然后她说：“我想回到场上了。”这就是菲比。

我希望自己是一个能够鼓舞人的教练，能够让孩子们在踢球的过程中尽情玩耍。我自己的教练都不是这种风格的。高中的教练会拽着我的衣服，把我拖到他眼前，叫我胆小鬼。后来当我上大学一年级的时候，这个教练自杀了。大学期间，我苦苦挣扎，因为教练无法在一群荣获奖学金的队员中安插我的位置。接下来的时间，我不得不忍受一群无脑的裁判和那些同样无脑的边裁*。我

* 边线裁判员（linesman）。

变得脾气暴躁。

然后，我在一场中学的足球比赛中第一次指导我五年级的女儿踢中场。我鼓励孩子们不要害怕，我为他们开始学会带球晃人或过人而振奋。我发现一边倒的、彻底输球的比赛也挺好，我发现我对生活很满意。

菲比的中学只有 45 个学生，除了菲比以外也没有几个球员了。我要所有想踢球的孩子站出来，开始教他们最基本的用脚内侧传球和接球的方法。我告诉他们足球场上一般有 22 个队员和一个球，这个游戏的目的是通过团队合作，使用自己的脚、腿、胸和头（绝不能使用手和胳膊）使足球越过对方的防守，并射门。我给他们展示如何射门，告诉他们在头脑中构建球场边界，并向空中无限延展。

我们的第一个赛季——菲比踢中场——每场比赛都输了，而且整个赛季只进了一个球。我们的对手差不多都是八年级的男孩子，而且这些比赛很正规。另外，我们学校的学生们并不以体育见长。我希望球队可以成为学校教育的延展，并把学校教育的各项美德融入足球训练中：尊重、自律、付出、坚韧、激情和诚实。所有这些都适用于团队精神，适用于我们这个球队。

训练时，我说："传球传得好一点儿，整个球队就都好一点儿。"

每次赛后，我说："你们接下来要做的非常重要，我要你们对对方球队的每个人说'踢得好'，而且要由衷地说。"

我对家长说："在场上，我们寻求的是竞争的时刻。如果发现自己处于竞争环境下，比如我们脚下带球，并且成功将球传给了队友，我们就取得了一次成功。与别人不同，我们以此作为成功与否的标准，别人也许只以看板上的比分来判断输赢。"

作为一个特别有竞争倾向的人，我无论如何要在球队中寻找到成功。我发现在我们头两个赛季里输掉每一个球和每一场比赛并不算失败；事实上，开创足球这项运动对这所学校来说已经算一个成功了。校董事说学校的校训之一就是让孩子们学会面对挑战。

但是在菲比八年级那次赛季之前，我却决定用世人普遍的看法来定义成功。我要她赢。我要亲吻奖杯，品尝胜利的滋味。这可是个挑战。我吹响了哨子，菲比正在最后一次射门。

"进了几个球？"我问一个队员。

"四个"她气喘吁吁地说。

"怎么回事？"

"我把球踢到花丛里了，我不想把花弄折了。"

"哦，好吧。我理解。"我说。我们在学校的操场上练球，这不是正规的场地，所以经常会有类似的意料之外发生。"下一个！进了几个？"

"六个！"泰勒很是自豪地说。

"真棒！打破自己的纪录了吧？"

"对，哦，不是。我刚才说的六个是水族箱里清道夫的数量。

我今天一只也还没看到，刚才我的球被踢到房子下面了，我去捡球顺便过去一看，嘿，六只都在呢。”

“不错。嗯，他们没爬到你身上吧。我的意思是，清道夫不是蟋蟀吧，是吗？”

“不是，清道夫是一种鱼，教练，鱼！”泰勒说，难以置信我这么孤陋寡闻。

“好吧好吧，回去踢球去！”

我径直走到队尾，菲比在队尾，我问：“菲比，你呢？”我知道她一定比别人进得多。

“十六个。”她安安静静地说。

“好，再来一次，这次要超过上次。”我发布命令。

我需要解释清楚的是，菲比并不是一天到晚追着球疯跑的汗津津的傻丫头。她还是个很有成绩的艺术家。去年夏天，我们绞尽脑汁不知道要做什么。天太热不能踢球，佛罗里达的潮湿热浪很厉害。我们曾经买过一个制陶的轮子，菲比用它做过许多杯子和碗。但是后来她上学和踢球那么忙，所有的灰陶都干掉了。

我在网上搜寻夏令营，关键词：制陶和塔拉哈西。很惊讶，居然找到一个镇上的制陶夏令营，下周就开始。菲比出发了。老师很不错，是个艺术家商人，在全国做展览，销售自己的作品。菲比每次下课回来，总带回一些非常棒的作品。第一次带回一个人面陶罐，下次带回一个玻璃壶。有一次她做了一个金属拉丝的大玻璃碗。老师说菲比能够很好地把艺术和技巧结合起来。对她来说，那个夏天棒极了。

我有点儿跑题了，但是菲比就是那么不简单，她不单单是足球运动员；我也不是疯狂足球爸爸，一门心思要孩子实现自己年轻时未实现的梦想。但是，私底下我确实担心过。我发现有时候确实给菲比定上了我的目标。我得控制自己的野心，让菲比制定自己的人生目标。

练习过后，我们开车回家。我们谈论哪个球员进步了、还能做哪些类型的训练、怎样在球场上更有组织，和菲比在一起的时光真是太美妙了。

我的儿子们一个十一岁，一个八岁，最小的才两岁。他们也都踢足球。也许是因为菲比是最大的孩子，最先经历这一切；也许是因为三年来我负责训练她和她的球队；我和菲比之间的足球情结比我和儿子们的更浓重一些。这很奇怪。我一直以为运动是我和男孩子们之间的纽带，一直以为我得另找途径和女儿沟通。

足球是我和菲比之间的导线，是富有创造性的运动，我和菲比都能借助足球诠释自身的意义。别的人也许是通过舞蹈、音乐、游泳或是体操来实现。足球场上的菲比尽情地显现着自己的个性，我自己也是这样。

好吧，有时候，我也会退缩。给菲比当教练就好像在嘉年华上坐过山车。很刺激、很狂野，我喜欢，因为它最终会到站。我能坚持多久？我希望体验这份刺激直到何时？我怎能不渴望最后的放松？当这段时光最终逝去，会成为美好的回忆吗？

经历过的人知道。但是菲比是我的第一个孩子。在医院里经历了36小时剖腹产生下来的孩子。妻子开刀的时候，我紧紧地抱着她的头，和她说话；怎么也无法看她被手术刀割开肚皮，竭力不让自己晕过去。然后，隔在我和妻子肚皮之间的蓝布被掀开了，菲比被递给了我。她太完美了。她在保育箱里看着我，我的眼泪流了下来，滴在她身上。

“别当着孩子哭。”一个护士对我说，然后给孩子的眼睛抹上药膏。别当着孩子哭。没人提前告诉过我呀。我发誓要当着孩子的面哭，我发誓要融进他们的生活，即使这样的生活将会忙忙碌碌，乱乱糟糟。

我知道生活将会变得疯狂，一刻不停地追赶我；孩子们将不断对我要这要那，但我还是打算把所有都奉献给他们，我的所有。

回到给菲比当教练这件事上。赛季的第一场比赛，对手比我们领先五六个球。我希望菲比的足球时光能够幸福，我也希望她在传统意义上取得成功，比如进球，比如赢得比赛。我的理想主义坍塌了。何况，对方的教练是我曾经球场上的对手。黑暗的想法开始弥漫在我脑海中。下半场，我告诉菲比，要想打败这些八年级的高大男孩子们，你必须把球踢到他们身后的空场，然后只身追赶过去，而不是带球一个一个地突防。下半场刚开始的时候，菲比把球开到了中场，传给了一个队员。

“菲比！”我朝她大喊，用手势告诉她，把球踢到空场，而不是传给队友。

她挥手拒绝了。

我愤怒了。“菲比！”我摊开双手，意思是，你在干什么？

她再一次挥手拒绝了。

“拉尔斯，去把菲比换下来。”

拉尔斯，并不适合在赛场上踢球的孩子，这时把手从他的迷彩短裤口袋里拿了出来（他的足球短裤落在家里了）。

“她踢哪里？”本地不喜欢足球的孩子都问这种不专业的问题。

“中场。”

“中场在哪里？”

“在场地的中央。你应该跑满场。你只要追到球就可以了。”

“好吧。”拉尔斯跑向球场。

“拉尔斯，你得等球出界后才能上场。”

“哦，对呵。”拉尔斯说。

几秒钟后，菲比就站在我身边了。她简直疯了。“你在干什么？”她说。

“你不能不服从命令，我是教练。”

“我知道自己在干什么。”

“你没干我要求你干的。”

“你瞧，”她说，“现在比分是五比零。这是本赛季的第一场比赛。我不在乎进不进球，我得让我的队员们都参与进来，让他们找到自信，这样我们才能有所进步。我晃过后卫，并不能让整个团队都得到提升。”

这是教育孩子的时刻，是我最头疼的时刻，是吞掉一只乌鸦的时刻。我的方式错得如此明显，连我自己都看得清清楚楚，没别的办法，只能痛快地承认。

“你是对的，”我说，“对不起，去把拉尔斯换回来吧。他在清道夫的左边呢。”

有时候，孩子是父亲；有时候，孩子是教练。我觉得，如果我错过了那一时刻，错过了刚刚菲比教导我的时刻，接下来的几年，我可能就白干了。

当她站在边线上，等着再次上场时，我静静地看着她。她是那么地泰然自若，已经如此地融入，随时准备着将整个球队带向进步。她没有看我，没有回过头来。她即使回头了，也不会喜欢她所看到的。我，一脸敬畏和憧憬，随时准备对着她的背影哭出来。我想象着她会说：“别当着孩子哭。”

昨晚，我们遇上了死敌。我们双方都有四五个真正的球员，而且这些球员和我们教练都知道这一点。真是一场有趣的比赛，双方比分都咬得很紧。我们先进了一球（这是我们本赛季的第一次进球），他们随后跟上。我六年级的儿子，芬尼斯漂亮地踢进了第二个球，对方几分钟之前也进了一球。比赛还剩十分钟的时候，菲比得到了球，她把球在左右脚之间传来传去。

“射门，射门，宝贝！”我对着球场大喊，“她干嘛不射门呢？”

然后，她射门了。右脚猛射，足球从球门右上角擦了进去。我跪在地上，拳头击打柔软的草地。每个人都在叫喊。漂亮的射门。菲比听不见我说什么，她此时正在和队友庆祝。菲比的教练不是我，是她自己。

心[*]

詹姆斯·格里菲恩

如果忽略我遗传给她的那部分，我女儿其实是个很有吸引力的孩子——我当然会这么说，我是她爸爸嘛。我确信即使她长了一张让人望而却步的面容，我还是会觉得她很有魅力。某些好心人不戳破我这做父亲的美景，其他人却都说："她迟早是个麻烦。"往往还得跟上一句更绝的："你最好准备一把枪。"

我在电梯或杂货店里遇到的人们一致认为，为了镇住一帮疯狂的青春期小青年，我家得盖一座小型兵工厂。我幻想着自己站在一筐雷明登 870 霰弹枪后面，我那穿着超短热裤的女儿站在身后，门外一群傻大个儿想要破门而入，像僵尸般地，显然不是为了我女儿的脑子来的[**]。

上高中那会儿，有一次，我邀请同在一个越野队的红发女孩儿参加冬季舞会。听从了两个中年同性恋店主的错误建议，我买

---

* 原文为西班牙文。

** 西方人认为僵尸以人脑为生，这里指男孩子们看中作者女儿的漂亮外表，而非内在。

了一件尺寸不合适的侍者晚礼服，而且为了搭配女孩儿的礼服还配了宽腰带。在她家门前等她的时候，手里紧张地抓着特意给她买的胸花。她家的门廊很暗，黑暗中，一个男人点着的烟，显得格外闪烁，照亮了男人阴暗的眼神。等待她准备得当的空当儿，她爸爸就坐在那里，用他那仪表般的目光测量着我。当时我十七岁，都不敢和他女儿攀谈。他却在那里盯着我，仿佛我是个南蛮子，活生生地来抢走他的女儿。难道他看不出来吗？这个羞涩的、长满青春痘的青年对她女儿除了一起跳支慢舞之外别无企图。这人是不是有病啊？

几个月之后，我就出现在别的女孩儿的客厅里了。老套的剧情是这样的：她父母不在家，出城了，录音机里放着音乐。鉴于她当时坐在我大腿上，脸埋在我的脖子里，我觉得她很可能喜欢我。那我还害怕什么呢？她乱摸我牛仔裤上的纽扣，我把她的手拿开。"太快了吧。"我说，同时记起某部电影里的女孩儿也说过同样的话。从电影里，我得知，我应该希望她把手放在那里，但是我也知道，后果自负。我非常确定后悔会很快伴随兴奋而来。越是认真，当一切破碎之时，就越是受伤。事情往往如此。"慢慢来。"我说。她也同意了。

还有其他类似的场景：地下室、学校宿舍和汽车后座。我认为，对于做父亲的来说，女儿比一千个荒淫的追求者加在一起还可怕。那些能够唤醒我性意识的女孩子一般都特别主动。在昏暗的房间里，多数女生都知道她们有本事让哪怕最强悍的男人颤抖，使他们变成卑微的恳求者。

这就是地下室和汽车后座上的真相。不成文的共识是，你必须自己设法获得这种隐私的，奇怪的异性知识。她们的呼吸、双手以及头发的气味，她们大腿内侧的柔嫩，莫名其妙的兴奋与尴尬。这和我们接触的其他任何知识同等重要。要取得全面的认识，需要好多年，需要自己设计手段，需要在黑暗中，用自己的双手去认知。

我妻子从小生长在美国宗教气息最重、最保守的社区里。我们最近回去过一次，我打算利用女儿加入一个当地报纸上介绍过的父女贞洁舞会。这个舞会有一个环节，十几岁的女孩们发誓要在结婚前捍卫住自己的贞操，这些女孩儿的父亲们则发誓要为守护女儿的贞洁而战斗，并自喻为女儿贞洁的“权威和守护神”。我并不是以一个记者的身份参加这一聚会的，这是一次刺探。我想要知道这些父亲的真实想法，是什么促使他们在当地的酒店开展这一公开的守护女儿贞洁的盛会。

这个舞会就好像被福音派教徒*榨干了所有乐趣的学校舞会。很多大一点儿的女孩儿都身着正装，年纪小一点儿的穿“公主裙”。现场有一位 DJ，还有气球扎成的拱门，作为照相的背景。女孩和他们的父亲合着《基督之爱》一起跳舞，两人之间有一臂的距离。我坐在桌边一把椅子上，旁边也坐着一些男人，他们的小

---

* 福音派教徒：兴起于19世纪，恪守教义，倾向较为保守的信仰。

女儿全都在追着气球跑来跑去。我是唯一一个外人，不属于当地教会，大家整晚都在劝我带着家人参加第二天的活动。他们说，教堂每周的活动都非常有趣，一个人还向我保证“而且你周围一定都是贞洁的人”。

我向他们解释自己为什么会参加此次聚会，我越来越害怕在一个道德日益沦丧的社会中将女儿抚养长大。听我这么说，话题立刻转向了当今社会的种种丑恶现象：

> “一个女孩儿送给男友一张自己的裸照，这还不算，男友居然还把照片在整个校园里传看；
>
> 商店里卖的衣服太露骨了，孩子们穿上个个都像小妓女。
>
> 我弟弟在一封 Email 里提到过一种‘口红派对’，你听说过吗？
>
> 就好像孩子不再是孩子了。”

我的身边围绕着一群同龄的父亲们，他们目睹着所有老时光的美好在世俗主义者堕落的道德标准下分崩离析。所有这些言论和行为都来自一个名为“世界末日”的宗教传道活动。这轮聊天结束的时候，我真想给他们每个人一个大大的拥抱，并且轻轻地告诉他们：“这个世界不会因为年轻一代而毁灭，这个世界正因为他们而幸存。”

这时候，一个只比我年长一点儿的男人站起来大声发言。他是当地的承包商，留着山羊胡子，穿着蓝色的运动短上衫，胳膊肘的袖子剪裁得很别扭。“我还记得自己年轻的时候是什么样子，我要保护自己的女儿不受像我年轻时那样的男孩子欺负。当我结婚之前灵魂、思维和身体，当然并不是纯洁的，但是我希望自己的女儿能够不一样。”虽然是唱高调，但是我却认为这个男人的情感和目的很真实。他并没有抱怨门外非圣徒的暴民，他只是要保护女儿免受如自己一般的男人的伤害。

最后，我发现这次集会和古代膜拜处女的古老仪式没什么区别。害怕失去控制的男人们现在充满了力量。一遍一遍地向人们强化这样的认知：那些穿着性感的女孩儿，都是因为缺少父爱。缺少父爱的女孩儿最终会变成妓女、A 片演员或脱衣舞女郎。身为人父，就必须为女儿提供她所需要的一切，这样她就不会在其他男人身上寻找错误的爱，直到他们结婚为止。

这听起来很奇怪，但是却离真理不远了。我想到索福克勒斯的《厄勒克特拉》[*] 中的台词：“任何使我离开你的行径都会触怒于我。”这不是一位父亲说出的话，而是一位复仇的兄弟的台词。[**] 不是“使你离开我”，而是“使我离开你”。我想到自己的女儿，在内心深处，我和其他父亲一样恐慌，害怕在女儿心中的位置被一个陌生人取代，害怕这个人会伤害她，而我却无力阻拦。门廊

---

* 索福克勒斯，古希腊著名悲剧作家，《厄勒克特拉》是其代表作之一。

** 希腊诸王之王阿伽门农被杀，其子其女离散，多年后其女厄勒克特拉和兄弟欧瑞斯忒斯重逢，并计划为父报仇，以上台词即为欧瑞斯忒斯所说。

前出现的男孩子只是替罪羊，真正需要防范的是父亲们被激怒的恐惧。

“你最好看好她，”当我女儿追赶气球的时候，身边一个男人这样警告我，“将来她会是个麻烦的。”

“我觉得我得买一把枪。”我说。

“你还没有枪吗？”另一个男人说，“我的那把总是上满膛的。”

在女儿出生之前，我妻子参加了一个孕妇组织，她们的头胎预产期都是在次年的二月。参加的人就像同寝室或者同牢房的人一样迫不得已。看看周围，都是一样大的肚子，都是一样紧张的丈夫们。和新朋友们打个招呼吧。

女人们坐成一圈儿，谈论她们最大的恐惧，用的都是些新鲜词儿，像什么“外阴切开术”、“肛裂”等。另一边，丈夫们也坐成一圈儿，谈论他们最大的恐惧，比如，孩子出生使他错过 2005 年的 Super Bowl* 总决赛。这是已经习惯了在明星球队和疯狂三月上下赌注的人群，自然而然，他们也要在第一胎孩子的预产期上下注，获胜者就是那个不得不在 Super Bowl 的决赛之夜陪着老婆生孩子的男人。他的奖金高达 200 美元呢。

“我宁可不要奖金，”一个男人说，“如果阵痛需要 30 个小时，而 Super Bowl 正好开始，我怎么都会想办法看的。”

---

* Super Bowl 超级碗：美式足球联盟年度冠军赛。

随着孕期的持续，到了可以用超声波检测胎儿性别的日子了。一个孕妇对我妻子说，她丈夫如果得知是个女儿的话会崩溃的。这也太性别歧视了吧。这些人是网络开发商，银行投资家，不是金雀花王朝*的君主或是中国的农民。“为什么？”我询问一个看着超声波检测结果，快要哭出来的丈夫，结果显示孩子 80% 是女孩儿。“也许检测出了问题，”我说，“也许你儿子的小鸡鸡太小了，没检测到。”我的话使他哭得更厉害了。“这有什么大不了的？”我问。

“因为，总有一天她会长大到青春期，”他严肃得不能再严肃地说，“天啊，还不如杀了我呢！”

我想，也许等自己的女儿生下来，我可能就理解这种焦虑了。然而她从一个柔软的小婴儿长成牙牙说话的学龄前儿童，都没让我对她的将来产生过多的忧虑。难道我们从她们还是胚胎的时候起就该为将来担惊受怕吗？难道美丽就如此令父亲们困扰吗？即使她们还只是孩子？

父亲要保护孩子免受非法伤害，这一点儿错也没有。父亲就应该保护女儿，这是父亲的职责之一。但是那些有儿又有女的父亲呢（像我这样）？那些对孩子性别有着根深蒂固观念的父亲们如何抚养一个年轻小伙子？这对他们一点儿也不公平，妈妈们一般不用发誓捍卫儿子们的贞洁。当然，双重标准古已有之。贞洁

* 英格兰中世纪最强大的王朝，生儿子意味着子嗣。

当然和可被撕破的处女膜有关。

对于一个歧视同性恋的父亲，比生一个女儿更可怕的事情可能要算是生了一个同性恋的儿子。如果愤怒的荷尔蒙不够多，那么青春期的男孩子们就只好按照父亲的期望而生活，一点儿也不敢透露同性恋倾向，展示出来的便是伪装得当的假男子汉气概。如果一位父亲早已预先假定，每个青春期的男孩子对她的女儿都是危险而“性”致勃勃的，尤其是那些反对儿子搞同性恋的异性恋父亲们，这难道不是亲手造就了一个固定的模板了吗？

那些被迫在婚前禁欲的孩子们，总是被告知贞洁是神赐的礼物，应该留给这一生与之相依相守的异性伴侣。婚前性行为被认为把心的一部分给了结婚对象之外的人，而留给丈夫的已经残缺不全。对于爱，这是多么可悲的错误理解啊。把爱看成了有限的资源一般，不可修复，不可再生。这就是有些父母告知给孩子的关于爱的观念，尽管每个父母在孩子出生的那一刻都会体验到这样的真理：当你以为再没有什么可以奉献给孩子的时候，孩子会证明你的心可以变得多么强大；如果你有不止一个宝贝，你会发现无论你已经为第一个孩子付出了多少爱，你的爱之泉总会涌出更多的甘露给第二、第三个孩子。

我知道自己总有一天要变得紧张兮兮，守着宵禁的时间，仔细审视女儿一切追求者，竭尽所能把她保护好。

但是我认为，作为一个父亲，最难的部分并不是防止女儿成为某人的性目标，而是让事情尽可能自然而然地发展。我甚至都不确定当事情来临的时候，对女儿来说什么才是最好的保护。我不想对她说所有的男孩和男人都是掠食者，我自己确实也不这样认为。同样作为一个男孩儿的父亲，我要对儿子和女儿说，必须尊重他人，同时也要提防那些不尊重他人的人。

希望一个女孩儿为将来的丈夫保留性和爱，那简直就是剥夺她认知性与爱之间关系的机会。作为父亲，我只想将我和妻子之间的关系打造成为孩子们学习的榜样。人与人之间应该是互相尊重和平等的，希望他们能够幸运地找到自己终生的伴侣。说到底，强迫女儿禁欲这种做法是软弱，而不是强大的表现。站在一边，看着她自己克服困难，这才最需要勇气。

我女儿对人的心非常着迷。三岁大的时候，她就让我给她画心。她拒绝我画浪漫的情人桃心，反而更喜欢有凸起的蓝绿血管的心脏。"这才是心。"她会说，并且从墨西哥杂货店里买来的游戏卡上学会了西班牙语的"心"。

有时我觉得，给孩子们灌输了自己的偏见之后，孩子们就产生了恐惧。有一次，我们在墨西哥肉店里看到了一堆牛舌和牛心，当时女儿正把小脸贴在商店橱窗上往里看，妻子正要做呕吐状，我马上掐了她一下，掐得还格外用力。还有一次，我们一起在电脑上看到了一个关于心脏工作原理的视频，我突然有一种厄运即将降临的不祥预感，我在九年级的自然生理课上就曾极力避免看这样的视频。这是个存在于我们所有人体内的宇宙，是个由血管、细胞和机体组织组成的脉动的网络世界。视频里的医生轻松地介绍着多穴的胸腔，我女儿也在看，一点儿也没害怕或感到恶心。我极力地不让她看出我在畏缩。有什么好害怕的呢？我自问，让我惧怕的东西就存在于我的身体里。“我的心脏也是那个样子的吗？”她问。

“当然，宝贝，”我回答，“你有一颗强健的心脏，跟你的拳头一样大。”我把她的小拳头握在手中，在她胸前攥紧，松开，攥紧，再松开，并且嘴里发出“嗵，嗵，嗵”的心跳声。我想象着她那颗年轻而有力的心。

她大笑起来，并且把耳朵贴在我胸前，“爸爸，我能听见你的心跳，”她说，“也很强健！”

几周之后，应妻子要求，我做了一个体检，好多年没看过医生的我坐在诊疗室里。医生听了听我的后背和前胸。“你的心脏很棒，”他说，重复着我女儿的诊断。我彻底放心了，走出诊疗室，穿过心血管科的大厅，看到了那些检查结果不怎么乐观的人们。他们仿佛在对我说：“我们也曾像你现在一样健康。”走在医院外的林荫大道上，我看着阳光下匆匆行走的人群，他们的心脏在充满内脏的体内跳动着。

结婚前，我和妻子有一两次想过分手，觉得也许别人可以让我们生活得更加快乐。那段时间真是黑暗，地理差距和野心曾使我们分开。她曾经在北京待过一年，我们试图分手，但我还不至于心碎。我记得当时常常跑步，常常在山上来个一英里的全速冲刺跑，让心脏爆开算了，但是我跑得不够用力，也不够快。等到了山顶，我常常会弯下腰来，有时候用膝盖跪在地上，差不多就要受不了了。但是不知怎的，通过这种无心的锻炼，心脏反而变得强壮了。

有一次，我们果然分手了。我心里很难过，去看过一位心理医生，他是个教授，曾经非常温柔地向我讲解为什么 17 世纪的禁欲主义画家作画时把基督的心脏画在胸腔外面。他说，这不仅意味着耶稣基督的博爱，还预示着他的脆弱。尤其是当他被钉在十字架上、双臂大大地展开时，心脏暴露无遗，被长钉刺穿，但是却依然为爱而燃烧。脆弱，他说，亦很强大。你要去爱，即使有千万个不爱的理由，你的心要燃烧，即使有千万个变冷的借口。

“爸爸，我的心强大吗？”女儿有时候还会这样问我。我告诉她，她的心非常坚强。她的问题让我深思，不仅想到她那颗胸腔里的有机组织，还有她的“心”，那颗充满了流行歌曲和青春期所有叛逆的心，那颗将带她领略人生所有快乐和痛苦的心。我清楚且无助地知道，总有一天，她的心会受苦，到那个时候我将无能为力，只有将她的拳头再次握在手中，攥紧，再攥紧。如果她愿意听，我会告诉她，她的心有多么强大，它绝不会真的碎掉，只是受伤了，只是暴露在外，即使在这种脆弱的状态下，最重要的是，永远不要让这颗心变冷。

站在台阶上的男人

罗伯特·威尔德

我坐在一张咖啡圆桌旁，托盘里有两个白色的圆圈，像眼睛。一盘是墨西哥鸡肉配米饭，一碗是撒满沙拉酱的沙拉。旁边是刀叉，放在一张薄薄的纸巾上。中学的自然科学课老师——孩子们说长得像布拉德·皮特*的那个——坐在我的右边，拉丁文老师坐在我左边。他们正在聊昨晚的副总统竞选辩论，聊学术问题。我半听半不听地附和着，眼睛却盯着体育馆入口，两扇不锈钢大门被一本厚厚的教科书推开，我女儿波碧露出了头。

波碧慢慢地走了进来，她棕色的刘海捕捉到了阳光，闪闪发亮。她的头发梳成马尾，胳膊下夹着绿色的午餐饭盒。她搜索寻找着，嘴巴抿了抿，等着吃饭的人潮退去一些。我受不了了，眼睛开始湿润，我赶紧看向微波炉那边，眼镜片由于泪水变得模糊。

波碧三个月大的时候我就开始在这所学校工作了。我负责教

---

* 布拉德·皮特（Brad Pitt），美国著名影星。

七年级的英语课，同时女生体育课的老师需要一个助手，所以闲暇的时候我也帮帮忙。时间回到了1996年的夏天，我开着我那三缸的大发*车带着波碧去体育馆，我把她从婴儿车上抱下来，走到球门后边，那里可以让她晒晒太阳。带着婴儿去女子足球队训练场，就像带着巧克力赴宴会。运动的人会当场停下来，然后向波碧跑过来，捏捏她的小脚，要求抱抱她，然后像妈妈那样轻轻地逗她。虽然女孩子们好像要吃了波碧一般，但是在男生的体育课上，她就像一个破旧的体育器材一般引不起任何关注。

刚刚大学毕业的时候，我便开始打根基，一半的生活用来教授七年级英语，一半的生活用来在当地一家叫"法比奥"的餐馆端盘子。现在，我的付出得到了回报，我拥有了自己的妻子和女儿。一个女儿。在我17岁的时候，母亲去世了，剩下爸爸和我们兄弟三个，一屋子的男人。我总是想在女人身上寻求安慰和友谊。现在，我有了这个女儿，就像学生们经常说的，"永远地"拥有。我妻子拉拉，生长在一个只有女人的家庭里，三个姐妹和她母亲。所以我们经常给对方补习关于异性的知识，比如，男孩子们不那么在意脏盘子和脏衣服，女人有的时候只需要你倾听而不希望你提建议或做评论。我们经常一谈就是几个小时。虽然我们这种"他来说说男人，她来说说女人"的节目带给我很大信息量，也很有意思，但却不是我最希望的方式。

---

* Daihatsu Charade 汽车品牌。

球场上，我左手抱着波碧，右手指挥眼前的队员们进行小组赛训练。曲棍球教练向我走来，不对，是向我们走来（现在“我”已经化身为“我们”了）。她自己的女儿在场地那边战斗着，流着汗。她并没有像其他人那样摸摸波碧，只是从那雾蒙蒙的眼镜后边朝我眨了眨眼。

“等波碧上学的时候，你看吧。”她一边点头一边说。

“那时候，我可能都已经化骨了。”我开玩笑地说。虽然我不认为自己会那么早逝，但是很难想象上班的地方整天能看到自己的孩子是什么感受——3 点 23 分英语办公室门外的走廊里响起波碧超重背包的轮子发出的吱呀声，我在排球场的看台上偷窥波碧那可爱的小身影。这必将混合着痛苦、愉悦和担忧。我抱着她指挥足球训练的时候是 30 岁。我知道自己一直想写科幻类作品，希望某一天能发展为小说。我渴望做一个好父亲，但其实对好父亲的含义一知半解，只限于给孩子换换尿布、抱着她去取邮件或者抱着她去看妈妈在跳蚤市场买东西。我从来没想过要和她一起在同一所学校里共处六年。要是能顺利度过这六年的话，她将会穿着白色长裙漫步在 18 岁的毕业舞会上，手里拿着三朵修长的百合花，那年我将 48 岁。

我所在的英语办公室大概有 80 平方英尺*，西侧是我的地盘。电脑后边的墙上，贴满了13 年来儿女们画的画，最新的一幅

---

* 80平方英尺约合8平方米。

是儿子伦敦画的超级英雄系列画，最老的一幅是波碧刚刚能拿得动蜡笔的时候画的。最靠近我的地方，是一幅我的肖像画——红红的脑袋，“W”形的刘海飘在额头上，变了形的脸上浮现着微笑。两条木棍似的长腿，交叉在上的是我那两条没有手的胳膊。黄色的太阳在我脖子的旁边闪耀着，如果我有脖子的话。另一边是两个橘黄色的圆圈，还有线条穿过，是气球，是棒棒糖，有一次一个生物老师说是精子。波碧上小学的时候开始把这些棒棒糖一样的图形作为自己的签名，四个或五个排成一排。拉拉和我认为这是她名字的拼写——P-O-P-P-Y。原来这些气球是有待发育成熟的 P。绝大多数的父母看到女儿第一次拼写自己名字的时候一定特别骄傲，但是我和拉拉却感觉若有所失。人们一旦会读会写，就再也回不去从前了。拉尔夫 · 爱默生在《论自立》里写过："社会从来没有真正前进过，它前进，却也倒退得同样迅速。"我觉得爱默生在写这句话的时候，一定没有考虑过小女儿学会拼写自己名字这种情况，但是我考虑到了。

有一次，我坐在室内体育馆教练席上，右边是一把绿色的教练椅，后边是一个盛满饮料的冰柜。上面一个托盘里放着咖啡、饼干和巧克力豆，旁边有记录的本子和笔，还有两本我从来没读过的书：《骑术及马车驾驶指南》和《美国花式骑术技巧入门》。我以前的学生，现在在斯坦福大学读一年级的安雅正走在软软的黄土上，她身穿一身黑色，指导着骑在一匹名叫彼得的墨西哥小马驹上的波碧。我试图想象，波碧到了安雅那个年龄会是什么样子——在某地上大学（可能不是斯坦福）。我试图往她身上加十年的时间，个子更高，不再那么以自我为中心。但是我甚至无法想象她17岁（我现在所教的学生就是这个年龄）是什么样。无论我如何努力，想到尽是些金属皮带、假眼睫毛和大红的嘴唇。我希望她个子高一些，伸手就能够得着彼得的笼头和嚼子，再也不需要好心的马房伙计赖瑞帮忙。有安雅那样的女儿是什么感觉？我就这么想来想去，安雅跺了跺脚，要波碧注意看她的手势，那些我完全看不明白的手势。我想象波碧离开了家，从大学里打电话给我探讨她的战后文学课，她第一次喝苦艾酒，开着车子（车子没有安雅的奥迪那么高档），也许还听着音乐，副驾上的朋友逗她，她向后仰着头大笑起来，然后重新注视眼前崎岖的公路。

这时候，彼得的后腿突然猛踢了一下，好像它被什么东西蜇了一下。我站了起来，杂志从腿上落地。时间仿佛放慢了。那匹马从地上跳了起来，后背前后颠伏，我紧紧地盯着安雅，希望她想办法把波碧从那黑色的马鞍上揪下来。波碧在马上被前后摇晃着，她试图抓住马背或马鬃，但是很难。我站在体育场的台阶上，双腿发抖。我想冲进场区，但是又能怎样呢？打那匹马吗？那帮不了我的女儿。就好像是11年前我不能因为害怕她掉下来就阻止她爬上椅子，不能在她跳进游泳池之后把她拉出来，不能在我们经常一起散步的路上把她从睡着的大狗或带刺的植物旁赶开。

我的泪腺满满的，手指都在颤抖。这就是做一个女儿的父亲需要付出的代价。波碧从那匹该死的马上跳了下来，滚到了一边。

安雅发出了一个指令，彼得没理她，还是跳得厉害。我虽然真庆幸拉拉没看到这一切，但还是希望她此刻在我身边。甚至我爸爸也没法理解我——他的孩子全是儿子。当我母亲逝世后，每个儿子都让父亲更坚韧。波碧躺在离我不远的地方，我只是能够更清楚地看见她。这个椭圆形的体育场里，这个在金色灯光里漂浮着甘草和愤怒的体育场是波碧的，不是我的。甚至，马上疾驰所带来的混合着兴奋的危险也和这个站在台阶上的男人无关。我不过是个看客，一个站在木头围栏外的僵硬的访客。

很多父母看过孩子从马上掉下来一次后，就再也不看他们的孩子骑马了。他们坐在车里，车子停在停车场上。他们在那里看娱乐小报或给闺蜜们打电话，八卦某些妈妈竟然允许孩子凌晨4点半还不睡觉，或者让孩子拿饼干当早餐。但我还是坚持在一旁观看，混杂着骄傲、恐惧和爱。像我这样的爸爸有着像波碧这样的孩子，这种复杂的心情就不奇怪了。当看到波碧牵着彼得的缰绳走进阴凉的马棚，空气中弥漫着马粪、木屑和干草的味道，我知道，这一切都是值得的。我问波碧，彼得怎么样，她说："它简直太棒了！"然后以让我能够清楚听到的力度拍了拍彼得的脖子。她对这匹马也充满了恐惧、骄傲和爱。才一会儿他们之间就达成了谅解和理解。"它觉得我要求它做不喜欢的事，"波碧告诉我，"可怜的家伙误会我了。这只是个大大的误会。"

周日的晚上，我坐在地上，背靠着墙壁听波碧抱怨我多么不理解她。波碧认为在做完了科学、数学、拉丁、新墨西哥历史和英语作业之后，在每周三次骑术课之后，要求她和家人一起远足，和弟弟一起玩游戏或是打扫屋子是多么地不公平。还抱怨我们都没有认真听她讲过话。

我用我教师特有的语调（也就是既严肃又通情达理的语调）和她讲道理。没有人喜欢吸尘，我知道她有很多作业要做，也很欣赏她的勤勉。她想要一部手机，班里就三个同学没有手机是挺让人难堪的。当然她想和好朋友去看安吉丽娜·朱莉主演的电影也不是不可以。我们让她自己选择何时做作业，何时打扫卫生，给她一些自主权，她想要手机就给她买一部，和好朋友萨拉看电影也可以。

然后波碧无礼地对我的道理讽刺了一般，我批评了她几句就走出了屋子。后来她妈妈进去了两次，期间我抽空给她俩送了点吃的，给波碧的弟弟刷了牙，让他看动画片，还抱了抱他，然后敲响了波碧的门。我女儿趴在一堆动物玩具上正在掉眼泪。她告诉我她跟妈妈说的话——她很生气，因为她没办法，所以把气撒在我和妈妈身上。聊着聊着，我找到了她发脾气的真正原因，老生常谈的故事——学校里有个男孩子叫波碧女同性恋和婊子。我也曾经是那样的男孩，往女生身上扔钩子，看看能不能挂在衣服上，好叫我注意的女孩儿也注意我。波碧不明白为什么这个男孩子上六年级的时候还是安安静静，极其害羞的，到了七年级怎么就变得这么残暴了呢。我告诉波碧这是为什么，还告诉她怎么能甩掉他这个麻烦，她应该直视他的眼睛，坚决地告诉他别再闹了，直截了当地指出他的毛病。当我给波碧提建议的时候，同时想到，在她的一群老师和学生中间，无疑地，我能够多么轻易且正当地找到并狠狠地抓住这个男孩儿的胳膊，力度大得让他一下子就明白我没有开玩笑，然后在他耳边悄悄地恐吓一番。

我虽然如此想（这是不对的），但是，这是她的斗争，不是我的。真正的爱使我对她放手，就像20世纪伟大的心理学家波比曾经说过的："她忍你也要忍！"对我来说，抑制自己不在校园里追踪那个欺负波碧的男孩儿是需要花点儿力气的。我知道，波碧并不完美。波碧很自大，最好的学生她也敢嘲笑。我没有在高高的看台上看波碧在马上颠簸，我坐在她和她妈妈下面，这两个女人，一个12岁，一个45岁，她们的眼睛里都含着泪。我的第一本能反应是逃跑。但是我却铆足了劲儿，想要为这两个女人阻拦下一切困难，痛苦由我一个人来背就好。年轻的时候我失去了母亲，现在我不想看到我的女人受苦。但是，她们还是要受苦。有一天，隔壁屋子里躺着的牙还没长全的小家伙儿也会需要同样的关注，但是却是完全不同的一种关注。男孩子的需求和女孩子的不同，父亲对女儿的爱也与其对儿子的爱不同。父亲对女儿的爱来自脆弱，从来都是。

假爸爸的自白

斯旺 · 亚当森

他是她的爸爸，我是她的假爸爸。

我已经接受了她不是我亲生的这一事实。由于她不是“我的”，我也从来没敢逾越女儿和继父之间的界限。

但是我想要打破这个界限。认识她 30 年了，我希望自己能够挤进去，接管她的成长。我没有这么做，因为我没有资格。

甚至连“继父”这个称呼都是一种奢侈。我和我的伴侣在一起生活了 30 年，但是我们不能结婚，因为我们都是男性。收养他的孩子，从来都没有法律依据。从 5 岁到 18 岁，她由母亲抚养长大，只是在指定的时间来看望她爸爸（和我）。现在，我们 35 岁的女儿向别人介绍我是她“继父”，我很感激，因为多少我也在她的生活中扮演了一个角色，哪怕只是很小的一个。

继父继母永远是盘旋在孩子生活上空的一道阴影。（如果你碰巧还是同性恋继父继母的话，这道阴影就更深了。）有时候我想，如果不做父母会容易一些吗？对于任何一个诚实的、对孩子的需求细心和敏感的人来说，继父母的角色都非常具有挑战性，而且在情感上充满挫折感。因为你清楚地看到教育出了什么问题、应该怎样改正，但是你就是该死的没有资格管教。

除了和你的伴侣为此争吵，别的什么也做不了。

然后就是与自己的良心长时间、耗费心力的对话。

因为，毕竟，内疚暗暗地存在。你知道你是造成这个孩子家庭破裂的因素之一，是你给她小小的生活带来了混乱和不确定性。你就是那个剥开了她的安全襁褓，让她看到你阴险嘴脸的恶魔。是你从妈妈身边夺走了爸爸。

你如何能挣扎着躲避负罪感？虽然你知道原本引导和支持孩子成长的家庭只不过是海市蜃楼，你知道她父母的婚姻注定要完结，你知道那个家庭的裂痕早就存在了。但是归根结底，那些都是大道理。因为你还知道，是你给出了无情的最后一击，使劲儿地吹啊吹，吹倒了一个小女孩儿的家。你是变故的代理人，没有一个孩子希望这种变故发生在自己身上。

你，作为一个平庸的来自北欧的天主教徒，总是往最坏的地方想：你总认为这个孩子恨你，或者最起码她对你含有怨恨和怀疑。当走进孩子的生活，你确定，在孩子心中，你这个同性恋的继父将会变成丑陋的滴水兽，即使内心善良，也不会是迷人的王子。

我没说自己作为家长比自己的父母有更多的优点，也没说我继女的成长历程需要多么大的改善（她自己也会同意），让我恼怒、焦躁的是，我什么也做不了。

虽然不可能，但是，如果她需要我的帮助或指导，我唯一能做的也只是“存在”，作为她爸爸身边一个微笑着的幽灵。她从来没寻求过我的帮助。我的角色，只是欢迎她的到来，并给她准备吃的。每当被要求的时候，她都很尽责地拥抱我，但从不是真心的，是孩子们为了应付大人而不得不进行的“表演性拥抱”。

发现自己所爱的人有个孩子是很令人震惊的。但是，作为一个已经退役的童子军，我随时准备着发现并适应新情况。我尽力了。我谦逊有礼。每次她爸爸把她接过来的时候，我都把副驾驶的位置让出来，让她坐在爸爸身边。我要让她觉得她是特别的，让她觉得她才是爸爸心中永远的焦点。我不要她认为我夺走了爸爸的爱。虽然我是个老好人，但是我知道一个六岁大的小姑娘有千万个理由不喜欢我。

我觉得作为一个小说作家，坏处之一就是看到的与想象同时并存。你活在当下，也分析当下；你和一个人在一起，同时也在观察这个人；你在事件中，同时也在构思事件，把它作为一本潜在的小说。这个小姑娘的故事从一开始就让我揪心。我自己不是来自一个破裂的家庭，我只能凭想象推断她的痛苦、父母离异的无助和世界的崩塌。我有一个大家庭，我母亲爱子心切，我是没法疼爱自己的孩子了，所以我希望伴侣的孩子能得到最好的。

作为 20 世纪 70 年代的父母，我的父母，强势、智慧、无私，但在《反斗小宝贝》* 年代里则被认为粗鄙幼稚、令人窒息的专制，

---

* Leave it to Beaver，《反斗小宝贝》。

是实现自我的障碍。我的爱人，为了变成异性恋，花费了差不多40年的时间。现在他坚定地甩掉了伪装，找到了真实的自己。所以他从一直痛苦生活的波特兰搬到了我所在的纽约。

她女儿怎么办?

从八岁开始，她每四个月独自坐飞机到纽约，和我们住上一个星期。从西海岸到东海岸中途需要转机，当然我们每次都确保有位空乘带着她转机，但这真是让人担心，对每个人都很折腾。她已经很老练了，但是过度的紧张化为奇怪的肚子疼，有一次她肚子疼得太厉害了，她爸爸不得不带她去看了急诊。他也会时不时飞回波特兰看她。但是日复一日、年复一年的亲密教育就交给了她母亲。在这种耳濡目染的教育里，有人生课程和生活经验，在这样的教育里，她的生活模式形成了。

我慢慢地发现，其实我的小继女这么多年来基本上是自己教育自己。她是家里的独子，有个不知道管束为何物的妈妈，有个不愿给她任何限制的爸爸，还有一个我。其实并不是她淘气，她只是没人指导。儿童自己并不知道什么对自己有益，该如何与人交往或是如何自我约束。这些都是通过观察榜样内化得到的。

她软弱的妈妈从不敢对她说不，她充满自责的爸爸也总是对她说“好”。所以，成长中的她就认为无论做什么都是对的，无论做什么都不会遭到拒绝。教育上，她上的是二流的公共学校，学习上没有难度。精神上，她处在宗教的外围。她的父母和上帝没有关联，也不敢向她传授宗教的智慧。对于钱的理解——例如钱是从哪里来的，钱什么时候管用，什么时候不管用，怎么赚钱等——她还处于福利救济的层次，像她妈妈那样。文化上，截止到我接手她的教育之前，她还只有看电视和上网的水平。

当我来到波特兰，看到了她生活的环境，我这颗小资的心碎了。一切看起来都那么千疮百孔。他爸爸负责出赡养费，所以基本的生活还是有保障的。但是她妈妈憎恨工作，也不认为工作有多么重要，所以她们现住的双层公寓只能用凑合来形容。我深知，于此我毫无办法。作为一个作家，我的书总也无法结尾，我的爱人正在创业，建立了一家自己的建筑公司，这几乎砸光了我们所有的钱。但是，现在的问题不在于钱，关键是教育。在我看来，传授智慧和提供一个体面的家一样重要。

也许因为我是个与生俱来的同性恋，对这个问题看得更清澈一些。我很奇怪为什么异性恋们在忽视自己孩子的同时指责同性恋的家庭不稳固。

我才是那个不断担心的人，担心他们的孩子（我仍然不允许自己认为她是“我们”的孩子）在如此缺乏指导和关怀的环境里如何才能成长为一个负责任的成年人。我没有资格要求她妈妈改变生活方式，哪怕是外表。虽然我十分渴望孩子和我们一起住在纽约，但是我敢确定她一定不愿意离开妈妈，而被转移到我们这个狭小的纽约公寓里，在这里她只能睡在沙发上。

9 岁、10 岁，事情依然没有任何变化。我们在纽约举行了自己的仪式。每次她到纽约，我们都会去 97 大街和百老汇的四川帝国饭店用晚餐，她爸爸会带着她逛街，买一身时髦的装备。我则来安排去百老汇、大都会看演出，要么去参观博物馆、看场电影、在琼斯海滩散步、参观世贸大厦。她去过她爸爸在西24街的办公室，也会和我在中心公园里散散步。我的目标是开阔她的视野，让她熟悉纽约、爱上纽约以及这个城市提供给人们的机遇。她见过我们的朋友，同性恋的、异性恋的都见过，去过他们的家或办公室。没有人批评她，大家都爱她，不仅因为她确实可爱，也因为在以事业为主的纽约，大家都没有孩子。这里是纯粹的成人世界，完全不同于她在波特兰的生活。

对这个青年在纽约的时光，我有一些不可磨灭的记忆。有一天，在我们家的小后院里，她穿着新买的衣服，给我们跳踢踏舞。有一次，暴雨倾盆，我们发现花园里的排水系统堵了，积水马上就漫进屋子了。我们穿上泳衣，冲进了漫天的大雨中，一起用桶把门前的水排干，那时我们都湿透了，还一起哈哈大笑。一天早晨，她想吃英式松饼，于是我把吐司从烤面包机里拿出来，扔进去了一个松饼，然后按下了把手。一会儿之后，一群蟑螂从烤面包机里飞了出来，我倒吸了一口冷气，她惊叫了起来，我们手里抓着任何可以用作武器的东西，猛打厨房里飞来飞去的蟑螂。

11岁、12岁。她还是照常拜访我们，没什么麻烦。我允许自己对现状满足。但是，当13岁的她某天出现在我家时，让我们大大地震惊了。她剃掉了一半头发，把另一半染成了绿色，在光光的头皮上还纹着一个和平的标志。她阴沉、绷着脸，对人爱理不理。而且开始抽烟。有时候明显犯了错，却不肯承认。但是，她爸爸却不愿意承认他女儿需要帮助。这不仅仅因为青春期，我感觉到一种绵长的、自我毁灭般的愤怒在她体内滋生。我预感要确保她平安度过叛逆期真需要点儿奇迹。

我和我的伴侣开始为了她身上的变化争吵不休。我建议他或她妈妈给孩子制定些规矩。我对他们无为而治的教育方法很恼火，但是看着继女在危险中沉沦，我没有权利也无法做些什么。

至今，我无法完全了解她 13 到 16 岁期间在波特兰的生活。很显然，她把愤怒和不快淋漓尽致地表现出来了。她经常做错误的决定，而且等我们知道的时候已经成了事实。她的父母对此毫无建设性干涉意见，他们好像都怕她。

关于她的消息很少透露给我，有的时候是她妈妈告诉了她爸爸，她爸爸又不经意地透露给了我。但这已经足以让我这个表现良好的中产阶级内心里那个控制狂复活了。

“她要辍学。”

“她决定了要当一个模特。”

“她整天和朋友一起玩网络游戏。”

“她要去参加一个匿名酗酒集会。”

每次这种信息传到我这里，都会导致我和伴侣的一次争吵。她那个聪明漂亮的女儿有危险！她女儿在用这种方式求救，难道他看不出来吗？她的未来已经跑偏了。当她渐渐身陷毒品、酒精、网络游戏和色情的世界，难道做父母的就这样袖手旁观吗？外面的世界就是这样的，正等着目标渺茫、稚嫩的青少年自投罗网。

解决之道在哪里？我们搬回波特兰去？对我们来说曼哈顿之外的世界不在考虑范围内。

我和她的交流既不频繁也没有效果，一点儿作用也没有。她对此的反应是沉默。她不允许任何人干涉她的决定，要求她改变。她的愤怒来自于我们这么多年来对她的漠视，我们有什么资格现在跳出来限制她？太晚了。

太晚了吗？

从某种角度来说，是的。但是，也不算晚。

我们真的搬回波特兰去了。但是没能改变她的外观，也没能阻止她一个接一个地做出错误决定。我发现我的问题在于，并不真正了解她是谁、她怎么想的以及她要成为什么样的人。父母教育的缺失使她不得不自我塑造，我们都在自我塑造，但是她缺乏正确的工具。她不想要“安全”，不想要思想的塑造，她追求刺激。内心深处，她认为自己是个“好姑娘”，她看不到自己错误行为可能产生的后果。当她决定了要做什么事，无论这件事多么极端和无理，她总是说服自己是对的。她不让自己后退，没什么能说服她。

三思而行不是她的风格。做出了决定，往往又发现自己不想去实现（比如参军和19岁结婚）。但是她还是一步步地朝着自己的目标前进着，她完成了普及教育，而且取得了社区大学的文凭。我在这里都没有足够篇幅来记录她曾经做过的出格的事，如今，她却成为了一个需要极度责任心的会计，一个快乐的 8 岁女孩儿的妈妈，婚姻很幸福。

她自己给自己开创了生活，艰苦却自力更生。

几年前，我也给她创造了一个生活。我写了一本关于她和我们这个家庭的小说。其实故事已经在那里了，而且是个喜剧。我的出版商不喜欢最初的书名《爸爸们》，要求换一个名字。所以我把它改成了《我的三个丈夫》，写书的时候，我女儿还只有两个丈夫，不想 2008 年的时候就应验了。

即使这只是一本小说，我也希望它能够捕捉到我女儿生活的点滴，当然还有我的生活。

我溺爱吗？

埃里克·古德曼

20 年前，我曾经为麦考尔出版社写过一篇文章《爸爸的女儿们和宠爱女儿的爸爸们》，文章里讲述了三对父女的故事：森尼卡和我；一个高中女孩儿和她爸爸；电视明星劳埃德·布里和他的孩子们。其中最小的是个女孩儿，也是劳埃德最宠爱的一个。

麦考尔出版社派来一个摄影师，记忆中，我仍然能看到他照的一张照片（这张照片仍然挂在我们家的客厅里）。照片中的三岁小女孩儿穿着红白相间的夏装，坐在爸爸的腿上，让爸爸给她讲故事。如果今天再来照这张照片，你会发现照片中的某位头发已经少得可怜，森尼卡从没放过利用这一点嘲笑我的机会。我仍能清晰再现拍照片的时刻，仿佛就在昨天，森尼卡也有同感。她仍记得那天早上兴奋地乔装打扮，因为专业的摄影师要来了。

那个时候，我一点儿也不知道作为一个女儿的父亲接下来应该怎么做。我有两个兄弟，而且童年时期，我所有的朋友家里都没什么姐妹。我上的是男子高中，别说小女孩儿了，就是女人对我来说，直到 33 岁还只是新大陆的代名词。过去的 20 年，我习得一个认知，如果有什么比一个小女孩儿对她爸爸的爱更甜蜜，那就是一个爸爸对女儿的爱。

我对女儿溺爱吗？哦，是的。

我得说森尼卡是个特别可爱的小姑娘，现在已经长成了一个漂亮女人，又黑又亮的大眼睛，一头浓密的黑发，皮肤是浅棕色的，面容看起来像欧亚混血。其实是混合了墨西哥、美国本土、法国、爱尔兰和土耳其基因。我之所以能够毫不害羞地大夸其美丽外貌，因为这里没有我的基因。森尼卡出生的那一天，也就是我们领养她的那一天，当时她哥哥（也是领养来的）也只有五六岁大。

所以，对于小女孩儿，我知之甚少。当这个精致的、聪明的、甜蜜的小姑娘挂在我身上或骑在我身上，大声宣布："爸爸，我的爸爸！"天知道我该如何反应。

我和妻子决定，要成功抚养一个小女孩儿，尤其是一个特别漂亮的小女孩儿，必须假装她根本不漂亮。我们把她丢给幼儿园，告诉她，脏着衣服回家是给她的任务。每个周末我们都徒步旅行，即使她嚷嚷着要抱抱，我也忍着不把她抱起来，并且夸她是全加利福尼亚最棒的三岁小旅行家，然后是四岁、五岁小旅行家。再后来，因为我很喜欢运动，又因为森尼卡很健康，上初中的时候，我们给她报了好几期儿童棒球队和足球队，我还和另外一个爸爸一起给这个球队当教练。

那几年是和谐有趣的父女时光。我们大量时间都在一起，不仅出于对彼此的爱，也出于对体育的共同热爱。森尼卡很早就长到了青少年的个子，有那么几年她比同龄人更高更强壮。她很强悍，不是典型的娇娇女，经常把挡着路的对手撞出去，她是队里的明星。我年轻的时候曾经是狂热的高中田径运动员，对于好几项运动都很有天赋，但是也从没像她那样出众。我喜欢看着森尼卡把对手打回老家去，但那个时候她更喜欢防守，不喜欢让自己站在聚光灯下。这是我们之间第一次小小的不一致。

她总是有点儿害羞，不像她哥哥那样总是喜欢站在前面。那个时候，森尼卡有了一个害羞的新理由，她身体发育比同龄人早。五年级下学期的时候她开始把自己隐藏在肥大的 T 恤衫下，直到八年级的时候才再次出现，自认为如果别人看不到她凹凸的线条就不知道发生了什么改变。

从事后看来，森尼卡青春期早期的时候，我对她身体或性发育的反应虽然很可笑，却仍可以作为父母向儿女学习的典范，或者作家从周围人身上摄取素材的案例。也许有的父母会被女儿青春期的变化吓坏，但是我却没有，反而写了一篇关于初次月经年龄的研究性论文，我女儿和她队友初次月经平均年龄在 11 岁，而 100 年前我祖母那个年代，女孩们平均 16 岁才来第一次月经。

那段时间，森尼卡开始叫我波比，如今当她试图哄骗我的时候仍这样叫我。在她上八年级之前，我们从森尼卡五岁起就居住的辛辛那提市搬到了附近的一个小镇上，她是镇上唯一一个皮肤棕色的女孩儿，也是唯一一个犹太人。有那么一段时间，事情糟透了。转学让森尼卡很生气，她把怒气都发泄在关门开门上。

其他女孩儿的发育渐渐追上了森尼卡。她不再是最高、最快、最强的女孩儿了，我也不再是她的教练。高中时期，她从明星变为普通队员，她的教练不仅是个白痴，而且还很残酷。足球再也不是快乐的源泉，部分原因是我们俩不再能共同参与。曾经有那么一段时间，教练不再让森尼卡上场，甚至都不和她说话，她坐在替补长凳的末端。

森尼卡自己挨过了"惩戒期"，很大原因是不想让我失望。其实，我可能会对她说："森尼卡，如果你想退出球队，如果从中再也得不到乐趣，我同意。"这些话从没说出口。相反地，在与妻子的争吵中，我总是说，如果森尼卡退出了她感觉会更糟，在长跑中坚持下来对她是最好的，那个狗屁的教练应该马上会发现他错了。我做教练那么久，即使对森尼卡说我不反对她退队，她也不信。她留在队里直到高中结束，绝大多数原因在于她爱我，这是我们共同的事，她不想让我失望。

谁来决定对错？爱一个人最大的代价就是被他影响，毫无疑问，我的女儿爱我。她逐渐长成了一个完美的女人，有责任感，按时完成工作；也许这正来自于年少时参与过竞争性比赛，来自于当明星的光环陨落，她仍坚持了下来。我希望是这样。因为足球不仅让她患上了慢性膝盖酸痛，而且高中毕业之后，她看都没再看过足球一眼。

八年级的那一年，是搬家和糟糕情况接踵而来的一年，也是森尼卡开始约会的一年。如果不是我对女孩儿和女人如此无知，就应该能够料想到会发生什么。事实上，身体的变化、愤怒情绪、从相对自由的城市学校转到一个思想保守的小镇学校，这些事情会对森尼卡产生怎样的影响，我应该能够预料得到。尽管如此，当森尼卡从一个可爱女儿、田径女孩儿、温柔亲切的姑娘过渡到叛逆的、交坏男朋友的阶段，着实让我大吃了一惊。

这是当时的她需要面对的。作为八年级里的非白种犹太人，她开始听见自己被叫作混血犹太或基督杀手。她哥哥是保守高中里唯一公开的同性恋，所以她也被叫作同性恋。虽然森尼卡交上了坏孩子男朋友应该被视作不错的生存技巧，但是当她把那个男孩子带回家里的时候，我真的非常震惊甚至有点儿害怕。我们暂且简称他为某人。虽然某人很聪明，但是八年级下半学期的他看起来颓废、懒散、爱玩儿滑板；总之，不是个好兆头。

我和妻子商量，如果我们过分苛求某人，反而会使森尼卡更加远离我们而靠近某人。如果我们面子上过得去，森尼卡不久就会对他失去兴趣。但是森尼卡的专一度和爱心不是一般的高，而且在她所处的怪异世界里，森尼卡发现这个坏孩子和他的朋友们能够带给她实际的保护。这个怪异的世界里，有些无知的孩子对于性取向的逻辑是这样的：你哥哥是同性恋，所以你也是下三滥，你男朋友也是同性恋。

我们容忍某人，因为他让森尼卡感到安全，他也真的保护了森尼卡。这种容忍与邀请他来家里吃晚饭之间只有一小步的距离。第一次，我们都坐在一起，按照森尼卡的要求，准备了平时不怎么吃的牛肉。森尼卡说某人喜欢吃牛肉，这样可以让他感到自在一些（这么多年来，我们都给孩子们的朋友吃我们平时吃的奇怪但是健康的食品）。

我真心希望晚餐进展顺利，真心地，我们对某人仍心存疑虑，这是我们第一次邀请女儿的男朋友来家里吃饭，森尼卡也曾努力地融入某人的家庭吗？为了森尼卡，我也希望这餐进展顺利，所以我精心准备了烤牛肉，这是森尼卡的要求。我溺爱吗？哦，是的。我们坐在桌边，每个人都尽可能有礼。我给某人的盘子里盛了两条烤牛肉，表示我们对他有多欢迎，一会儿，我们四个开始吃饭了。某人用叉子叉起一条牛肉，切都没切，直接举起来送到嘴边，一口一口地吃起来，再没把牛肉放下，我瞥了一眼森尼卡，她也正看着某人，眼中有跟我一样的神情，同时也感到羞愧，当我们眼神相遇时，她知道我在想什么：真是个狒狒。我也知道她在想什么：我知道，我知道。

森尼卡和坏男友的阶段终于过去了，谢天谢地，虽然他们两个维持了三年之久。她很专一，也很有爱。她一旦付出了，就发现很难收回。也好，这说明我和她的感情很牢固。她知道，我无条件地爱她；她知道，她可以向我要求任何事，只要我做得到；她知道，我在无限给予和让她自己奋斗之间辗转反侧。同时，我也知道，她很好，她尽量不向我要求太多。

我还知道，至少坚信，一个女儿和她父亲从年幼开始就保持的亲密和爱的关系，将逐渐变成一种生活模式，当她开始自己的生活，她也会在伴侣身上寻求亲密和爱。并不是说她要寻找一个像父亲那样的丈夫，尽管有时候森尼卡和她妈妈透露有的男朋友从某一方面看起来很像爸爸，我心里也会忍不住地高兴。

森尼卡的意思其实是，那个像爸爸的男朋友让她感受到了父亲的特点：爱和尊重。这就说明，我作为一个父亲是成功的。

父亲与成年女儿的关系代表了什么？代表着最理想的爱，自幼年发展而来的甜蜜和关爱，没有夫妻或情人之间时而苦涩的现实，至少，对我来说，父女关系是这样的。如今，我坐在这里，书写着这一切，书写着我的女儿——一个 22 岁，聪明、善良、可爱的姑娘。现在，她正在国外游历，那里最近发生了战争，我不敢想象如果她发生了意外我要如何面对，我不敢去想象。

迟来的父亲

兰德·理查德·古波

我是个大龄父亲。

电视上说等待的人会得到好结果。好吧，我妻子——莫里和我等待着。首先，我们等着结婚。然后我们等着下定决心要孩子。一旦我们下定了决心，我们仍需要等待，我们尝试了三年，最后不得不相信只有高科技的手段才能受精，然后是不断重复的申请。所有这些等待累积在一起，现在我已经五十一岁了，女儿拉金才三岁大，我把自己叫作“迟来的父亲。”

远在拉金还没出生之前，我就想，这种迟来的养育是什么样子的？与一般人的生活节奏脱轨是很有意思的，你朋友们开始参加孩子们的大学毕业典礼了，你才开始上育儿课，我和莫里在拉金出生前四个月开始上这种辅导课，在那个班上，我是年龄最大的爸爸，其他爸爸都只有二十几岁，我们一起抱着个塑料的婴儿，练习换尿布。“你相信吗？”课后我对莫里说：“我们跟这些孩子一样，都是一个辈分的。”

我很担心自己的身体能不能做得来父亲的工作。中年的时候，我的健康之路就很坎坷。我患有高胆固醇和高血压，拇囊炎，前列腺稍稍肿大。我的视力逐渐下降，戴着眼镜也得眯着眼睛。年轻时打篮球的后果也开始显现了，扭伤的脚踝，痉挛的背部，还有所有运动都有的后遗症——韧带拉伤。“现在，”医生警告说：“要么让你的生活适应你的膝盖，要们让膝盖适应你的生活。”他这个诊断带来一个问题：怎么把一个孩子带大？这是一天 24 小时的责任。在孩子幼年时，我怎么能蹲下起来，再蹲下起来 5000 次？现在哪怕一次都够我受的。

伴随身体上的问题，精神上的问题也是存在的。做一对大龄父母意味着当你的亲人开始承受病痛折磨，行将就木的时候，你的孩子还很小。幼年，中年和死亡在你面前依次排开，那么鲜明。对我来说，更显得残酷。正当我和莫里打算生孩子的时候，莫里的兄弟被诊断出得了晚期肺癌。威斯是个强壮的大块头，42 岁的粉刷工，喜欢待在户外，他与病魔坚强地抗争过了。更加不幸的是，他的化疗和我们的人工授精正好同一时期，当莫里接受精子接种的第一天，威斯正躺在两小时车程外的另一家医院里。在莫里的家族里，威斯是个野性子，喜欢讲幽默的神奇故事，从没结婚，喜欢孩子，生来就是个做叔叔的。受孕对莫里来说变成了一场比赛，要赶在威斯还活着的时候生个孩子出来。但是，我们没能做到。威斯于 2005 年 8 月离开了我们，那时莫里怀孕四个月。

几乎是同时，我们开始了另一场可怕的比赛。那年夏天，我母亲，玛丽安的胳膊断了，其实她什么戏剧性的事情也没做，当时只不过去捡一个掉在地下的叉子。她 78 岁了，医生猜测是因为骨质疏松。但是伤口怎么也不愈合，X 光片解释了原因：癌症使骨头变得脆弱，是肺癌扩散的结果。这是我和姐姐一直担心焦虑的事情，母亲几十年来抽烟抽得很凶。

我和莫里几个月里都忍受着狂乱情绪的困扰，威斯带给她的悲伤以及我对母亲的担忧，就在这时，生命的奇迹在莫里的肚子里渐渐成形了，那是个超声波里的小身影。圣诞节，莫里怀孕八个月了，我们在我母亲的家里庆祝。她破损的胳膊愈合不了，无法给礼物包装，所以她买了包装袋来代替，还在礼物上面艺术地盖了些彩色的纸巾。化疗使她的头发掉光了，所以带着圣诞老人的帽子。她热闹地讲着故事，倒着红酒，精心地安排着每一道菜。她对着莫里的肚子发出感叹："这将会是一个快乐、健康漂亮的小宝宝，"她说，"我知道的。"

这是勇气的表现，不仅表现为强大压力下的冷静外表，同时还有幽默、笑声和热情好客。回家的路上，我和莫里都沉默着，如此悲伤而美丽的事情，用不着大声地说出来。

生命中最快乐的一天是什么样的？你知道那将是你这一生最美好的一天，意味着身体的每个毛孔都是鲜活的，呼吸进来的是快乐，蒸发出去的是甜蜜。我站在那里，手里拿着录像机，欢笑和泪水混在了一起，那是一个晴朗的一月的下午，我们的女儿，拉金 · 古波哇哇降生了。医院里规定不可以给生产摄像，但我还是录了60秒，影片开始是一个护士给拉金戴上了粉绿色的小帽子，接下来，是拉金平生第一次在妈妈的怀里睁开了小眼睛。镜头有一些摇晃，因为摄影的人情难自制。宝宝有力的叫喊，莫里甜蜜的微笑和泪水，还有我大声的哽咽。我们在爸爸预科班里看过很多目睹生产过程的爸爸们，在我们的录像里，我抖得像一个超大型的果冻。

妇产科里的三天给我留下了许多回忆。站在窗前，看天际线上的日落，整个城市都变成了金色。躺在莫里身边活动床上的第一晚，拉金趴在我胸前，毫无目的地扭来扭去。我用指甲剪给她修剪她那小得不可思议的指甲，真希望自己戴着宝石匠人的放大镜，手里的工具更加精致才好。这三天的宅生活让我们如此亲密，时间仿佛停止了，外界的琐事和责任消失殆尽，在这个小小的天地中，我们三个体验了无比的温柔，包含着那么多旧有情感和新生的强大的关联。莫里说："我觉得我们仿佛被重新改造了。"你给世界带来了一个新人，同时你自己也变成了新人。

三天以来，我第一次走出病房，到车库里把车开出来，接上莫里和拉金。在我们所在的六楼的产房里，我本以为窗外是冬天的寒气。事实上，外面是历史上难得一见的暖冬，一月里有着五月的天气。周围的人们做着与季节不相符的事情，年轻人穿上了短裤，朋友们扔着飞盘，一个病人坐在轮椅里晒太阳。我穿过草坪，看到的是热闹的、温暖的、令人惊喜的色彩与勃勃生机。透过玻璃门，我看到大厅里的莫里，她身边是堆满我们行李的手推车，上面还有鲜花和扎着气球的手提袋……还有我们的孩子。她们俩正等着我把她们接到这闪亮的户外来，就在这时，哽咽的欢笑再次升起，我感觉到的是美好中的脆弱，伴随着奇怪的释然。从今往后，我想，哪怕就是死，也已无憾。

这段时期，我的母亲辞世了。她和拉金的生命只重叠了六周，那时母亲住在家里，我和姐姐频繁地开车过去照顾她。

我和莫里第一次抱着拉金去看她，她被安顿在沙发上，怀里抱着她的亲孙女。“帮我把她掉个方向，我得用好的那条胳膊抱她。”母亲说。我们坐着聊天，拉金睡着了，我和莫里没办法把她弄醒。

“让她睡吧，”母亲说，“我们相互了解的时间多着呢。”

但是不够多，远远不够多。母亲的医生一次次不乐观的预测，一砖一瓦地拆毁着希望的大厦。很多时候，看望过母亲后我会哭着回到家里，在莫里和拉金身上寻求安抚。拉金遗传了很多我们家的基因，尤其是我母亲的——她宽阔的额头，她长而线条明显的上嘴唇，好像生来就是微笑着的，这样的相像之处又甜蜜又痛苦。我哄拉金玩幼稚的游戏，我和她一起跳舞，给她唱《蒙斯特一家》，我抓住她的小脚踝，伴随着《绿野仙踪》里的插曲让她做骑自行车的动作。

作为一个小婴儿，每当她玩疯的时候，唯一能让她安静下来的是我们客厅里一幅镶框的画。画的是沙漠中的斑点狗，它们的身影显现在天际，身上的斑点和背景融合在一起。“看，斑点狗狗。”我们告诉拉金，她的眼睛大大地睁着，目不转睛地盯着画。在我们家，斑点狗不仅仅伴我度过童年，我母亲也由它们相伴，让我感到安慰的是，女儿也为它们着迷。我一次又一次地发现自己刻意地挖掘家族的传承。母亲小的时候特别喜欢吃俄亥俄农场上的德式晚餐。一天晚上我去看她，给她带去了白香肠和德国泡菜，她兴奋极了。“我要吃到舌头都酸了。”她高兴地说。

但是，她每况愈下。终于有一天，她坚持待在自己家里的强硬态度终于得到了回报，她重重地倒在自家的厨房里，电话里的声音由于痛苦而颤抖：“兰德，打电话。”我打了，救护车来把她接走了。她在医院里住了一阵子，然后回家，然后第二次住院，最后住进了一家疗养院。那是一幢装修过的房子，坐落在一个草坪斜坡上，门口有两棵大椰子树，透过妈妈房间的窗口望出去，是隔壁护理中心的活动场。

我和莫里去探望，把我们淘气的小家伙也带上。母亲喜欢看我把她放在床头，喜欢看她倒进软垫子和枕头里。

“她真像个不倒翁，”她说，“让她坐起来，我要看她扑倒。”

母亲的笑声一直持续，直到她还能为美好的事物欢欣鼓舞的最后一天。面对死亡，她仍能品尝生活。莫里和我给她带了在水果农场摘的新鲜的覆盆子，又大又红，水灵灵。我们推她出去晒太阳。我看着她的手指，僵硬而麻木，在水果中进出，费力而极度缓慢地拿了几颗放在嘴里。

“非常好吃。”她说，“非常好吃。”

但是，好像这一切还不够，上帝继续愚弄着我们。一切发生得毫无来由，我在家里健身的时候，电话响了，来电显示电话来自医院皮肤科，上一周我去那里做了个小手术，摘除了背上的一颗痣。医生当时说没什么可担心的，除非化验结果有什么情况她才会给我打电话。现在，看到她的来电，我的胃都开始疼了。她为什么打电话？

“我给你带来了一个不受欢迎的消息。”当我接起电话的时候她如是说，出乎她的意料，摘除的那颗痣经化验是一颗黑色素瘤——最致命的皮肤癌。她已经让实验室再次化验以确认。

“你得赶快处理掉它。”她建议。

她的话让我浑身发冷，我跳起来，恐惧和不可思议让我头脑昏昏沉沉。又是癌症？黑色素瘤臭名昭著，它扩散得非常迅速。我恐惧的根源来自一个可怕的想法，我母亲就是被癌症害死的，现在它又来杀我了。

莫里和我忍受了多天痛苦与恐惧的折磨。给几个医学界的朋友打电话，给我父亲打电话，他是个退休的外科专家。我得知黑色素瘤如果摘除早的话，治愈的希望还是很大的。这使我满怀希望，使我能够浮在水面上免遭沉溺。但我也有突然绝望的时候，重新陷入恐惧死亡的洪流。我必须活下去，我不能现在下台，我还有个小宝宝。

探望了母亲，她正独自待在房间里，我坐在她床边，告诉她我的病情。她仔细地听着。“最坏估计，”她问，“你还能活多久？”

她如此直接的问题使我瞬间失衡，我理解她已经习惯了这种模式的计算方式。我说：“往最坏的情况估计，下周做扫描的时候就会有一些扩散了，但我希望这种情况不要发生。”她点了点头：“亲爱的，我很抱歉，你和莫里一定特别难过。”

她向我伸过手来，我把它们握在自己的手里，我突然就哭了。我本不想哭的，我在几个星期，几个月前就发过誓，绝不在她面前失控。

“哭吧，”她说，“我是你妈妈。”

在她面前，我把一切都哭出来了：我对癌症和死亡的恐惧，对拉金失去爸爸的焦虑。我们默默地坐了一会儿。

“你平时祈祷吗？”母亲问。

我摇了摇头，“没怎么祈祷。”

“好吧，从现在开始，我要祈祷双份，这是我能为你做的。今晚，我就为你，莫里和拉金祈祷。”

我们一起静静地坐了很长时间，我握着她的手，那双红肿的手，指甲由于化疗已经发黑。我们看着窗外，透过树林看隔壁的运动场，那里有各个年龄的小孩子，而母亲则无法看着拉金成长。

“兰德，听我说，”她说，“如果病情继续恶化，我不想再做任何治疗了，当必须离开的时候，我希望自己能离开，你能理解吗？”

“我理解。”我说。

这是我和母亲最后一次真正意义上的谈话。接下来的几周，她的病情迅速恶化了，她陷入了昏迷，再接下来的一周，她离开了。她去世的时候，有姐姐陪着，当时我没在场，但是我们已经在前一天道过别了，我亲吻了她可爱的额头，在她耳边耳语，我知道她听见了。我说：“妈妈，我爱你，我会把你的故事讲给拉金听，以你为榜样抚养她长大。我绝对不会忘记，我向你发誓。”

后来，一次两个半小时的手术解除了我的生命危险，医生在附近的淋巴中翻找，没找到不干净的东西，在等待最后结果的空隙里，我做了个全面的彩超。莫里和我带拉金去伊丽莎白公园，一个由私人庄园改建的玫瑰园。我们铺开野餐布，听着音乐，我一杯接一杯地喝啤酒，为了寻回久违的勇气。我的血管里注射了放射性追踪剂，所以三小时内不能抱拉金。我无力地笑了笑，“爸爸晚上要发光，所以现在不能和拉金玩儿。”我给手机定了闹铃，等到六点，就能拥抱我可爱的小女儿了。

彩超结果显示阴性，这让我们大大地松了一口气。两年了，如今我仍在这里。我的肿瘤医师告诉我，我的黑色素瘤治愈的几率为 85%，我会活下去，至少大有希望。

但是，母亲还是走了。除了膝盖受不了，作为大龄父亲，另一个让我后悔的原因是，拉金只能通过我们的回忆来认识那位被我们称之为“神奇夫人”的奶奶。虽然，我的专业就是讲故事，我也仅仅能再现母亲善良、幽默和勇气的五分之一而已。尽管如此，我也要这么做。我会唱她唱过的老歌，告诉拉金这位神奇夫人是多么的慷慨、无私，无论在金钱上、时间上、还是自我奉献上，事情无论大小——烹饪、写信或照顾冬天里野外冻僵的小猫，她都会全心投入。与她谈话，她总是全神贯注，言之有物。

她从不取笑别人，她喜欢别人倾诉疯狂的梦境或不现实的理想，她有一双艺术家的眼睛，总能发现美。她理解个性的重要性，从不自以为是，她认为个性代表勇气，是人对世界的看法，是自我与世界融合的方式。

某一天，我给拉金读神奇夫人送给我们的圣诞节礼物《小王子》，那时候离拉金出生还有三周。母亲正在化疗，但是她写给孙女儿的信仍然笔力苍劲："我非常爱你，"她写道，"无论你是谁，永远爱你，拥抱你。奶奶。"

这些文字震撼着我，这是来自另一个世界的欢迎礼物，母亲活着的时候，总是十分珍惜所爱的人，她会说，无论你是什么样的人，我都爱你。

一个问题出来了，我希望拉金成为什么样的人呢？看着她，有时会觉得她就是母亲的转世——她身体的姿态，走路时前倾的样子，精神集中时脸上坚定的笑容。三岁的时候，拉金的性格开始展现，她表现出一种明快的友善和坚定的淡薄，做事情也喜欢按照自己的方式。她特别爱笑，却又特别顽固。嗨，妈妈你好。

作为一个在家里工作的人，同时也是家里的厨师，我和母亲的接触比一般男人要多。我们每周大约会聊个两三次，关于书籍、宠物、食谱、晚餐聚会或其他。同样原因，我也有大量的时间与拉金在一起，我们一起做所有事情，又或者什么也不做。下午，我们一起去购物，去公园和运动场，在图书馆的儿童区看一个小时的书，或者到社区里"探险"。我很享受和小婴儿在一起的时光，每天教她新的词汇和短语，还有孩子们那些疯狂的想法。拉金下午第三次要我给她读《安吉丽娜的生日》，我定下规定，"这是最后一次了好吗？"她眨了眨眼睛，哼哼地说："好的，爹地，听你的。"她会万分沮丧地晃到厨房，说我和莫里把巧克力豆藏起来了（这是真的，我们骗她说吃完了）。当自己把巧克力找出来的时候，她就大声欢呼。"我都找遍了。"

我的最爱往往是某些特别安静的时刻。那是一个春天的夜晚，我把拉金抱到床上的时候，听到她兴奋地吸了一口气，"看哪，爸爸！"她说，"快看星星！"她的小手指着窗户，窗户上挂着遮光的窗帘，但是窗外的灯光仍然能够射进来，形成一个小小的光晕，"是一颗漂亮的星星。"拉金的声音很沉静。

"很漂亮。"我说，然后亲她道晚安。

这种喜忧参半的情绪是怎么回事？对于一个大龄父亲来说，时间是一切的关键，除了时间还是时间。"我们打算今年第三季度出去玩，"一个同龄朋友曾经对我说，"你有什么娱乐计划？"我的娱乐计划只有一条：就是尽可能地和拉金在一起。我要看着她横扫书架，把书本砰砰地弄掉在地上，然后兴奋地鼓掌，如此这般我仿佛能够感觉到生命的延续，从上一代，流经我自己，然后传递到将来。我母亲玩弄死亡，拉金玩弄自己的脚趾，而我在中间为她们鼓掌。人类总是认为自己在时间中穿梭，其实是时间在我们身上穿梭。作为父母，你能真切地感受到这一点。拉金出生后，我才发觉自己之前对未来的触感是多么的迟钝，孩子向你要求未来，她也赋予你未来，她改变了你在这个序列中的位置，如今你不仅身后有祖先，面前也有后代了。

在时间的尽头，作为个体，总是会消失，留下的是无尽的未知。也许在过去三年里，死亡如此频繁地光顾我的家庭，拉金对时间已经有了一些感知，最开始是对一首歌着迷——《爷爷的钟》，里面有一句歌词“当老人离去”。然后是对后院里逐渐融化的雪人感兴趣，“雪人化了，”她说，小手指着雪人曾经站立的地方。后来她开始理解，有的时候人也会融化，离开我们，只留下回忆和对失去的痛苦认知。拉金对死亡的伤感很敏锐，因为有几次当我沉浸在对母亲的怀念中时，她会说：“你很伤心，因为奶奶死了，对吗？”那是在母亲去世一周年纪念日时，我当时确实在哀痛，我告诉了拉金，她用小手摸着我的脸，安慰我说：“爸爸，没关系，奶奶会回来看你的，你肯定能再见到她。”

母亲去世后的几周，朋友和家人们曾聚在一起，把她的骨灰撒在长岛周边的海水里。那天早晨，我把她的骨灰从骨灰盒倒进一个她生前非常喜欢的紫色瓶子里，发现了一块比较大的骨头碎片，我把它挑拣出来放在一边，不知道该如何处置。

第二天早晨，我在后备厢里放了一把铁锹，然后驱车前往伊丽莎白公园，那里是妈妈特别喜欢的地方，她生前是个园艺发烧友。她曾经和我还有莫里一起在那里野餐，2004 年的一个秋天，也是在那里，我向她宣布，我和莫里打算生一个孩子。早上六点，我来到了曾经与莫里和拉金共同等待彩超结果的地点，在最近的玫瑰花床下，我挖了一个洞，把母亲的骨头埋在了下面。

拉金很喜欢伊丽莎白公园，她管那里叫“鸭子公园”，因为那里有个池塘，里面有好多吵闹的鸭子。夏日里一个周三的傍晚，我们三个赶着去听音乐会，带着野餐食物，在大人和孩子聚集的草坪上跳舞。我们从冰激凌小摊儿上买冰激凌吃，一边看棒球手投球。整个夏天，玫瑰园里婚礼不断，我们站在人群里，看着恋人走在玫瑰花曼棚下。

拉金很喜欢玫瑰花。她摇摇晃晃地在玫瑰花床间奔走，这儿看看，那儿看看。“看这一朵！”她还解说一下，“这朵才最漂亮。”我没告诉过她，奶奶的骨头就埋在下面，对她来说这件事听起来还比较可怕。但是，等她过了害怕怪兽和幽灵的年龄之后，总有一天我会告诉她，那时候她就又多了一个喜欢鸭子公园的理由。

在我们的生命里，那些让美丽与忧愁、爱与失去结合在一起人和事令我们格外珍惜。女儿取名为拉金，部分原因是因为诗人费里·拉金，他最有名的诗句是：

他们令你一团糟，你的父亲和母亲，

他们并非有意如此，但也确实如此，
他们的过错充斥着你，
他们的这些过错，也只因为你。

母亲曾对着这些诗句大笑，笑它的讽刺，笑它的智慧。毫无疑问，我会在拉金身上传递自己的错误，但是，我希望，也能传递母亲留下来的丰富的智慧。我很感激，儿子母亲的纽带现在更新为父亲女儿这种新关系，就好像家庭的乐曲用新乐器演奏，伴着泪水与微笑，一直演奏下去。

还有几句诗，比拉金的要哀伤一些：

虽然，时间是生命的基本要素，
但是，我们却无法活得长久，
要对生命的每个瞬间开放，
因为它们即将逝去。

我从内心里明白这种失落，逝去不断累积，谁不在流沙般的时间面前颤抖呢？作为一个大龄父亲，这首诗真的过于悲伤了。人到中年，生命过半，我认为逝去的时间不仅仅意味着失去，更意味着获得。时间流逝，和女儿在一起的时间如同珍宝，看着珍宝一点点消失，我痛心疾首，但是，在这之前，我们不应该首先为珍宝的存在而弹冠相庆吗？

奇　迹

罗伯特 · 鲍舍

我的大女儿，苏西，在她 17 岁那年重新回到了我的生命里。她给我写了一封信，寄到了我所在的乔治马森大学。如今想来，这些都是 23 年前的事了。当读到她的信，我陷入了轻微的痛苦中。我与第一个妻子离婚了（第一次婚姻里我有了两个女儿），然后有了现在的妻子，丹尼。我们生了一个儿子，两岁了。我已经组建了新的家庭，而且已经从上一次婚姻的阴影中走了出来。两个女儿也开始适应了新环境，而且很爱她们的小弟弟。对于苏西的来信，当时的我毫无准备。

当初离婚之时，心理医生问我："你现在最想做什么？" 我告诉她，我想联系我的第一个女儿。

苏西当初还只有十二三岁，我从没见过她，但是我知道她在哪儿。她妈妈后来嫁给了弗吉尼亚公共健康大学的一名老师，搬到了里士满，离我当时住的地方仅有 90 英里。心理医生说："她正处于最易受伤害的年龄。她可能都不知道你的存在。你可能给她现在的家庭造成巨大的伤害。不过，如果她主动联系你会好一些。”

我知道她是对的，所以我什么也没做，时间就这样过去了。我的生活有了调整，前妻的两个女儿——萨拉和茱莉也开始喜欢丹尼了，前妻也重新结了婚。我儿子，大卫出生了，我们的生活都重新步入了正轨。所以看到苏西的来信，说实话，比较突然，我似乎感觉到了麻烦和痛苦的先兆。我把信给双胞胎哥哥理查德看，“我该怎么办？”我问。

他回答：“庆祝！”

这我倒是从来没想过，没错！这是我曾经逃开、忘记的女儿，她写信来只是为了联系一下。她说她“不想入侵我的生活”，她说她高中快毕业了，她还说“祝贺你取得了那么多成果”，她看过我的书了。

那天晚上，我坐下来给她写了一封长达53页纸的回信，信里写了所有我喜欢的书、电影和食物。还介绍了我其他两个女儿、儿子，写了我的那次离婚经历，还尽我所能地介绍了我的家庭：我的兄弟姐妹，我的父亲母亲。我给她讲了姐姐和姐夫在车祸中丧生，讲了父母如何带大我们四个兄弟姐妹。我一直写到天亮，早饭前，我把这封信寄了出去。

然后，我就等着，等着。一个月过去了，又一个月过去了，我对丹尼说：“我想我把她吓跑了。”

丹尼说：“你至少得再给她写一封信，问问第一封是不是收到了。”

所以，我给她写了一封短笺，“我知道我的信可能写得太多了。如果你后悔了，我很理解，毕竟我没有资格要求你什么。但是，我很想知道你是否收到了我的上一封信。”

她很快回信了：“什么信？我没收到你的信，我还以为你决定不理我了呢。”

我们俩都不知道，那封信到底去哪儿了。也许这样也好，这样我们就不用操之过急了。最后，我们决定慢慢来，苏西认为这是个好主意。后来，我们通了两年的信，从没见过面，两年里，我有机会问了她很多问题，也回答了她很多问题。

当她准备好的时候，我们终于见面了，在弗吉尼亚州亚历山大的一家餐馆里。我们虽然已经对彼此有了一定的了解，但是我心里还是有一些惴惴不安。我不知道能不能一下子认出她来，她会猜我的声音听起来是什么样子的，她是否能从我的眼睛里发现我在拿她与想象做比较。她那年 19 岁，我 43 岁。她已经是个年轻女人了。除了基因上有很多相似之处，她过去是怎样的人，将来会成为怎样的人，我都没什么功劳。她长得很像我，性格像我——我们都无法忍受贫瘠的思维，对死板的事物都没多大耐心。丹尼说她特别像我，从骨子里愤世嫉俗、不识时务。

但是，我们还没有真正地了解彼此。我还有好多东西要了解，她过去过得怎么样？她喜欢什么？我想和她一起骑车旅行，我和其他两个女儿一起钓过鱼，和儿子一起打过猎，不知道她喜不喜欢这些，真想把整个世界都给她。

我发现最需要的是赶上来，把过去我们没能够在一起的生活补回来。她妈妈的怀孕是个偶然，我那时非常年轻，但是有一件事我是非常肯定的：奉子成婚一定会演变成一个错误。然后她妈妈就与我分手了，我搬回了弗吉尼亚，她妈妈继续住在伊利诺伊。

在给苏西的一封信里，我写道："我们正共同搭乘一辆火车，我很喜欢前进的方向，我知道到了某个时候，你一定很想回到行李存放室看看自己都有什么行李，当你准备好这么做的时候，我将随时补偿。"这个比喻不太贴切，这么说只是为了让她知道，我明白我们之间一直以来存在的一个问题——我曾经抛弃了她。我爱其他的两个女儿和儿子，全心全意，我为他们感到骄傲。哪怕对着她，我也经常聊起这几个孩子们小时候的事情——我哄他们睡觉，给他们讲故事；这些我都没为苏西做过。

但是苏西从没在意过这些。她想要的是家人，这一点她已经非常清楚地告诉过我了。我们就是她的家人，她正慢慢地学着了解我们，走进我们。我们每个人都敞开怀抱欢迎她。我父亲很惊喜她长得那么像我母亲，母亲已经去世了，没来得及和苏西见面。我觉得她有点儿像我那位在车祸中去世的姐姐巴巴拉，她也见不到了。她现在已经如此融入我们的家庭了，每个人差不多都忘了她曾经和我们远隔。

苏西这么晚才出现在我的家庭中、我的生命里，其实也是一种奇迹，这让我有机会认真想一想要对她说些什么。我该如何向她表达我的爱？苏西帮助了我，让我没那么多负罪感，这真是一大恩赐。与此同时，我在她身上学到：她在处理人际关系上是个天才。这么多年了，她都过着没有父亲、缺少家人的生活，而这一切都是她最渴望的。从开始了解她的第一分钟，我便请教她如何处理我的人际关系。当我和其他女儿、儿子发生了问题，如果我没办法从他们的角度看待问题，苏西很能帮得上忙。

现在我告诉人们我养了三个女儿，但是我好像从没真正陪在她们身边，我和萨拉、茱莉的妈妈离了婚，当时萨拉才八岁，茱莉五岁。我不想成为一个周末爸爸，所以我尽可能多的和她们在一起——每周两天，每隔一周的周末和每年的整个八月，但不是每天。我们毕竟不再住在同一个屋檐下了。孩子从你身上学的东西的数量与你和她们在一起的时间成正比。我已竭尽所能，但是，我养大了三个女儿这种说法是夸张的。

如果每天都和她们在一起的话，不知道我和女儿们的关系会是怎样的。记得离婚前的一年左右，我很生气萨拉总是不把玩具收好，我走进她的房间，把玩具都捡起来，扔进我的后备厢里，"我要把这些垃圾都扔了。"我生气地大声说。萨拉六岁，对她来说我又高又壮，声音还那么大，肯定把她吓得够呛。我走进卧室，那里可以看见房子的前面，我看见萨拉雄赳赳地走出房门，走到卡车旁，把她的玩具拿出来，抱在怀里，拿回了家。她脸上的小表情真是无价，那么无畏和坚定。我的脸上流满了泪水，我对妻子说："看那个小屁孩儿，我真是太为她骄傲了。"

那天我真是太崇拜萨拉了。她那么富有勇气和反抗精神——

这两样我认为都是创造美好生活所必不可少的，而且她还没到七岁呢。也是充满着同样的勇气，我的另一个女儿茱莉把自己送往了洛杉矶，去发展演员事业。我问她有没有备用计划。我和所有父母一样担心，害怕这个行业会让她心碎，就像它让其他许多人心碎那样。她说："如果我有备用计划，爸爸，我就总是想着失败了，所以我没有备用计划。"她很坚定，和她姐姐一样。而且，她们两个现在都很爱苏西，都很崇拜她。

但是，萨拉、茱莉和我，我们有长时间的过去，我们有很多行李。我们经历过痛苦的离婚，我们一起走过漫长的父女历程。曾有一度，朋友和高中活动打败了爸爸，我们为此争吵不休。后来，女儿们上诉减少了我的探视时间，她们有自己的生活，而我对此竟然视而不见。是苏西让我看到了我的错误之处，在她们这个特定的年龄，我占用的时间太多了。总之，我得学会稍微放手。

最终，我们发展了我们的父女关系，开始像朋友那样相处。但是苏西的整个童年在我的记忆中都缺失了。我还时不时记起萨拉小的时候，我抱着她唱摇篮曲；如果某个人也抱着我的小苏西，给她唱摇篮曲，我会打心底里感激他。

苏西 21 岁生日的时候，我给她写了下面这首诗，希望能够纪念我们失去的时光：

昨晚我开车回家，

听着你的录音带，

那一句“我的挚爱”，让我翩翩起舞。

其实并不知道歌名，
也不知道作者，可就是喜欢。
那盘录音带，都是这样的歌，
都是我喜欢的歌，却不知道名字。

或许你也有这样的经历？
长久的过去，我不知道你喜欢什么样的歌，
哪怕一个音符都不知道，
你是个印象女孩儿，
藏在每一天的秘密里。

你现在知道了吗？我一直都很爱你。
我正在听音乐，你听过的音乐。
昨晚回家的路上，仿佛再次记起，
虽然我们没在一起，我好像就在你的生活里。

我是多么幸运，多么快乐，作为你的父亲，
能在你 21 岁生日宴会上，为你谱写诗歌，
因为爱你，
你也爱我，

仿佛之前我们都在一起，

真的希望，我们以后也永不分离。

苏西看到这首诗的时候哭了，她抱着我的脖子，抱了好久。那一刻，好像她过去成长的那么多年我们都在一起经历，如果她当初没有决定放弃对我的怨恨，我们不会有今天。她从没提起过那些应该属于她的行李，除了嘲笑我的时候。有一次我说，咱们家的孩子都长大了，再也不喜欢圣诞节袜子了，她却说："在苏西的纪年里，我才 11 岁。"

在苏西 21 岁生日宴会上，我们还给了她一件同样重要的生日礼物。我和丹尼想给苏西一件我们曾经给过其他女儿和儿子的东西。我们试图把曾经在日常生活中教导他们的箴言列出来。丹尼和我在一张生日卡上列出我们要对她说的最重要的话，卡片上的第一条是："爱是做出来的实际行动，不是口头说的标语。"当然她还一定记得这一句，"死亡每天都会降临，所以当清晨睁开双眼，就要努力好好生活。"我们还提醒她，是人就会犯错误，提醒她不安全是一种常态，人人都缺乏安全感。事实上，安全感会让人逐渐麻木，甚至会扼杀生活，所以追求安全感不完全是一件好事。我们告诉她要尽其所能地从经历中吸取经验；告诉她无论在人生的任何阶段，都要活得充实；告诉她做出的决定要能更好地爱他人，包括爱自己；告诉她尽量做自己喜欢的事；告诉她对新事物要保持开放的心态——学会保守批评；告诉她要学会宽容。最后，丹尼在卡片上写道："要想向别人说教，最好这样写在纸上。"

现在，我觉得我们一路走来，就是要在家人认可的基础上实现自我，我和孩子们已经建立起了这种关系。我为他们骄傲，他们都在从事自己想做的事，他们都已经大学毕业。萨拉现在住在纽约，从事的是自己最拿手的工作——给某个顾问公司做研究，她已经签署了一份两百万的合同。她很聪明，热爱城市的喧嚣，她了解纽约，就好像了解自己的手背。茱莉仍然在洛杉矶奋斗，她当服务员、上表演课、不断参加试镜。她参演的电影马上就要放映了，而且她还在热播的电视剧《犯罪心理》里获得了一个角色。

苏西把生活奉献给了她自己的家庭，她已经有了一个四岁的儿子和一个一岁的女儿。当她儿子长到可以走路的年纪，她给我发来了一封电邮：

> 如今我们都那么忙——食品店和干不完的琐事，今天傍晚，当我把一切都收拾好，准备休息的时候，纳森却受伤了，他一直跟着我，然后把我和他自己绊倒了。他看什么事都不顺眼，还乱发脾气，有那么一刻，我觉得自己都要发疯了。我只想要他安静一会儿，上帝啊，哪怕只有两分钟。我坐在地上，然后他就跑到我怀里了，脸上带着一个大大的笑容，我们咯咯地笑了好久，就这样，不需要付账单，厨房里

没有容易变坏的食物，什么事都不做，单纯地享受那个绝妙的小人，那个已经从我身体里分离出去的独立的个体，真棒，他本身就是一个奇迹。

现在，我是个祖父了，苏西全身心地教导着她的小人们，教他们她学过的，教他们她一贯都知道的。

万花筒

雷尔德·亨特

“这是什么？”

“万花筒。”

“万花筒？”

“没错，看里面，快看里面。”

“看里面？”

“没错。”

在女儿很小很小的时候，有一次，她把我叫到浴缸边，我站得笔直，双手抱胸，她让我说说我有什么问题。

“我有什么问题？”

“说说你有什么问题。”

“那个，我觉得好极了。”我说。

“这不是你的问题。”她说。

“没错。”我说。

我们彼此看着对方，她瘦瘦的小身体在蒸气里闪闪发光，肩膀上有一团泡泡，头发尖儿湿漉漉的，粘在一起。

“说吧。”她说。

“我有点儿累。”我说。

“这不是你的问题。”

“截稿日期临近了。”

她摇了摇头，看起来认真得可笑。我知道这么兜圈子会没完没了，但还是不知道该说什么，随手指着一只漂在她旁边的绿犀牛说：“我想玩那个，却够不着。”

这不算个正经回答，我又试了好多次，还是无法接近正确答案。我有什么问题？焦虑？逃避？离婚倾向？吃太多零食？毫无远见？但是我们很快进入了第二阶段。

“好吧，”她说：“弯下腰来，把你的问题都甩掉。”

“什么？”

我们的女儿经常这样互相测量。她出生的时候，医生给她进行标准测量、清理肺部积液、听心脏、检查眼睛和耳朵，然后护士把她包起来，戴上一顶小帽子，抱给坐在床边的我。一旁是她精疲力尽的妈妈，刚经过痛苦的产后处理，还不能抱孩子。

“你好啊，我的女儿。”我说。

她一直盯着旁边看，对这个陌生的世界感到震惊，这个全新的小市民已经开始审视这个奇怪的世界了，很兴奋，但是多少有点儿小游离。当我跟她说话的时候，她回神儿了，眼睛开始聚焦。

她这样可爱地、轻微地游离了几个星期，其间，我每天都不断对着她说说话。初夏，当我公开朗读时，当时怀孕的妻子坐在前排，所以她知道我的声音。我本来还想说点儿题外话，但是我当时哽咽得厉害，我们就这么互相看着，我的眼睛闪闪发光，她的整张小脸儿都容光焕发。她看起来像个老熟人，而不是我未来将会熟悉的人。在那几分钟里，我仿佛看到了她的一生。我们坐在一起，就这么心满意足地互相察看，她时不时发出一两声咿咿呀呀。"嗨，嗨，我的女儿。"我在心里想。

如今，在我那英勇的妻子回军队报到的日子里，我就肩负起了带小孩儿的重任——哄她睡觉，让她趴在肩膀上；在浴室的镜子前，我抱着她，上下晃动，双膝微弯，挺直，不断反复。同时，我调暗灯光，打开风扇。几个月来天天如此。做这项屈膝运动的时候，我唱歌，我自言自语，我背诵诗歌。刘易斯·卡洛的《炸脖龙》* 这首诗是我的最爱。我改变了英雄的性别，让女儿的阿凡达去杀死炸脖龙，当讲到她凯旋而归的时候，就高声大笑。每当这个时候，女儿就在我肩膀上啃来啃去，高兴地吹泡泡或者要命地高声尖叫，从来不肯痛痛快快地睡觉。

伊塔罗卡尔维诺在其光学理论中曾经提出，有时，侧身运动、斜视或者不经意的角度可以更直接地看到目标，关于这一点我非常赞同。那几个月里，我做屈膝运动哄女儿睡觉，她就趴在

---

* 编辑注：这首诗中有很多词是刘易斯自己发明的，赵元任先生曾将此诗译成中文。原文为 Jabberwocky，意为"无意义的"。

我的肩膀上，通过镜子和电脑屏幕的反光，我们看着彼此。

记忆中浮现出另一幅关于斜视的画面。当我的女儿两岁左右的时候，我们经常会玩儿一种特殊版本的躲猫猫游戏。在这个升级版游戏里，女儿会向我事先宣布她将躲在哪里，然后跑过去藏好，接下来该我上场了，我径直走进屋子，假装看不见她，我的目光在屋子里扫来扫去，上上下下，有时候甚至透过她。她则双手捂着嘴，想尽一切办法不让自己笑出声来。有时候，当我扫瞄四周的时候，我们的目光会相遇在一起，而这并不代表我看见她了，因为根据游戏规则，她是透明的。最后我会大喊着冲向她，然后挠她痒痒。接下来该我躲起来了，当我女儿以最大的自控力走过屋子并假装看不见我的时候，我发现自己仿佛真的是透明了，所以当她突然高兴的朝我跑来大喊着:“爸爸，我发现你了。”我竟然会觉得有点儿惊讶和挫败呢。

像这种时候，她的凝视是如此专注，我仿佛被她撞了一下，这种撞击给人的愉悦与她把我当成攀爬的架子，或在我肚子上跳上跳下，或从屋子那边跑过来冲进我怀里的感觉没有什么不同。往往这种游戏过后，我都会得到一些不太好的评价，比如爸爸手毛太多了，爸爸的肩膀太硬了。虽然如此，我还是会追着她问要不要再来一次。所以当她跑出去找别的游戏玩，而我不得不回去工作的时候，毫无意外我会感觉被降级成她的玩具了。

这种感觉似曾相识，我花了不少时间来解释它的来源。后来当我在车库里找东西，眼光落在一个混杂在杂物中的深蓝色儿童背带上时，才知道这种情绪来自何处。记得那次，我几乎花了哄她睡觉那么长的时间给她穿上这个儿童背带——就是那种把宝宝绑在爸爸胸前的衣服，我这样带着她在城里逛逛，或者去更远的地方：比如机场航站楼、巴塞罗那的林荫大道、博尔德的铁路和纽约的城市街道。我总认为，我们国家的大多数人总是故意甚至有些冒犯地假装对可爱的宝宝们视而不见，但是，当万圣节来临，小宝宝们戴上狗耳朵小帽子，穿上狗爪爪小手套，被面向外绑在爸爸们的胸前——我家宝贝三个月的时候就是这个打扮，即使再坚硬的心也会融化。

“可恶，你是个洋娃娃！”

“哇，小狗狗！”

“哎呀，你来啦！”这时候，可以毫不夸张地说，我和妻子被降级了。在人们眼里，我只是个运输工具，妻子只是个护卫。但是其中蕴含着巨大的、深深的快感，当然，当着女儿的面消失也一点儿都不轻松。

热切一词可以清楚地表达我当时的心情，当时我所幻想的、令我魂牵梦绕的事物，都趁着女儿睡觉的时候写了下来：

我女儿长长的腿，
我女儿红红的嘴，
我女儿大大的笑，
我女儿光亮柔软的胳膊，

可爱的小胎记。

永远渴望吃巧克力，

贪婪的礼物小强盗，

我认识的脾气最坏的小家伙。

我女儿夜晚流的泪水，

嘟嘟囔囔说梦话的小睡虫。

总是站在椅子上。

蹩脚的杂技演员。

不好好穿衣服，

不好好睡觉觉，

我阳光快乐的小女儿。

几年后，我给她看了以上的文字，她挤着眼睛，咧着嘴，皱着眉，扭来扭去地说：“爸爸，你真是个傻瓜。”

可能，这就是我的问题。

女儿四五天大的时候，我第一次给她读东西，是乔治皮尔斯第一本小说《事物》的英文译本，我给她整整读了一大段。我们让她在一张摇椅上坐好，在这张摇摇晃晃很有弹性的椅子里，她显得特别放松。如果记得没错，我给她读的那一段是关于一种农具，还有乡下昆虫大规模的入侵。我给她读着读着，她哭没哭我不记得了，但是她身下的椅子吱呀吱呀地直响。

“你怎么认为？”我问她。

她没有回答。我把她的沉默当作智慧。

几天后，我给她读实验主义诗歌，约翰纳森斯金纳的《仙人掌政党之歌》里的一卷和格特鲁德斯坦的《柔软按键》。我寻思让诗歌流动的气息和画面进入她的大脑是很必要的，所以我继续给她读《尤利西斯》。

其实，对于儿童早期大脑刺激并不需要这么多文学，尽管如此我还是会想，现在就让她接触诗歌和小说抑扬顿挫的音调，不知道会对她的成长产生什么样的影响。我喜欢把现在我们一起编的、演的很多故事看成是这些早期教育的结果。在这些故事里，她和她的朋友们一起攀登巧克力山，翻着跟斗闯过有巨人看守的桥，路上停下来聊一聊他们的敌人和老师，等等。这些故事基本上都是她来编，我们评论，绝对的后现代主义风格。但我也可能是在自欺欺人，基本上可以认定我是在自欺欺人。

刘易斯·海德，《礼物》的作者，曾经写过一个词“神秘的成长”。我女儿说的第一个也是后来反复说的一个词是“苹果”，现在她三岁半了，会用“稳当”、“有前途的”、“特别的”等，而且用得出人意料的好。

“爸爸，你喜欢我这个特别的姿势吗？”

“在你看来，这个塔稳当吗？”

上个星期，就当我开始形成上文提到的这些想法时，我看到女儿站在房间镜子前面，双手叉腰。一会儿，她要求镜子里的自己说说有什么问题，然后弯下腰来，抖了抖头发，不知道抖出了什么。也许是放下了负担，也许又天马行空地想到了别的事情，她站直了身体开始咯咯咯地笑起来，弄得我也跟着咯咯咯地笑了。

“你为什么笑呀，爸爸？”她说。

“我也不知道。”我说。

我发现我们这个小小人类在她身后留下了怎样令人惊奇的成长历程，我迫不及待地将这一历程归因于我们给她听过的肖邦和莫扎特，归因于我们给她读过的奇奇怪怪的书。这一历程，常常，让我开怀大笑。

神秘的成长。当我十岁或十一岁的时候，碰巧发现一盘父亲在我三岁，姐姐五岁时录的磁带，当时我们正在新加坡的植物园里散步。磁带里，我们在一个喷泉边停住了脚步，父亲和姐姐评论了一番，年幼的我迫不及待地发表自己的看法：“这个水，是流动的。”这盘带子后来被不小心翻录覆盖了。不是什么大不了的事，但是我很惊讶，这么多年来我一直不断想起这件事。我喜欢听到这种愉快、稚嫩却特别准确的论调。这让我不自觉地想到了某人。

女儿上学已经有半年多了。过去几周，我经常录制她在学校操场上的视频。当她和她的新朋友们肆无忌惮、吵闹地跑过操场上铺的木屑时，我要么坐在沙箱一角，要么依靠着滑梯，录制非常不成熟的短片。稍晚时候，我和她妈妈会坐在沙发上一起研究。我录过女儿在客厅里跳舞，在柠檬树下的小画架上作画，有一次她在厨房里“读”本地杂志。我们一家三口喜欢一起看这些视频，而且经常看，但是我知道我不是为了这个，也不是为了在我和妻子年老之日能够老眼昏花地看宝贝女儿三岁半时的样子（这也很不错）。我制作这些录像，是为了将来当女儿走上了自己的人生旅程时，可以拿给属于她的那个小孩儿，说："看呐，我曾经和你一样。"

可能她的孩子们对这些的反响并不是很好。即使这样也不能让我放弃录制这些小短片。其实，我头脑里想得最多的画面，录像带中并没有。我女儿在前面跑着，离我越来越远，她小小的胳膊挥舞着，穿着蓝色的牛仔裤，在木屑铺路的操场上跑啊跑啊，直到消失在红色滑梯或大猴子雕塑后面。当这些画面不断地、不断地在脑子里上演，我似乎瞥见了女儿已经长高、长壮，跑着穿过篮球场地，跑出了操场的围栏，然后，消失了。

昨天，只是好玩儿，我又给女儿读我曾经写给她的诗，那时她正围着房子跑来跑去，学小猫叫喵喵，学小狗叫汪汪。然后，她停下来，看着我的眼睛，说："我觉得我告诉过你别犯傻，爸爸。"

"我会努力不犯傻的。"我告诉她。

"没错，你得努努力。"

"汪，汪。"我说。

"爸爸！"

无血缘却有爱

迈克尔·科恩斯

"日渐老去的父亲最爱的就是女儿。"

——欧里庇得斯

"女儿是你一生的至爱吗？"

明明是淋浴的水声，却还夹杂着莎士比亚那丰富的语言，但是在她的浴室外听得久一点儿之后，我确定那是朱丽叶的台词，痛恨保姆来得不合时宜。

是蒂亚的声音，我 14 岁的女儿，正在准备洛杉矶艺术高中的面试。她的声音像丘比特的翅膀一样跃出墙壁，直接落在我的心底，碰撞出三个事实——她将要 :（1）高中毕业了;（2）离开家了;（3）最终遇见她的罗密欧。

表演，更进一步地说，莎士比亚不是我和她之间唯一共同的爱好。我们都爱矛盾修辞、玛莉莲·梦露、彼得潘、爱尔兰、披头士、摄影、《不合时宜》(一档电视节目)、凯特·斯蒂文斯(Cat Stevens，英国民谣摇滚明星)、蓝莓芝士汉堡、云层、《蒂凡尼的早餐》、作家诺埃尔·考沃德、电影《冥王星早餐》还有马丁·路德·金(美国黑人运动的领袖)。

我们都厌恶社会上的种种不平等，比如种族主义和反同性恋主义。我是个单身的同性恋父亲，蒂亚是我收养的黑人女儿。在她五个月大的时候，我们相遇了。她人生的头一个月是在保育箱里度过的，接下来的四个月处在一种非健康的养育环境里(这么说并没有恶意，但是当时的监护人也确实对她不是很上心)。

当蒂亚来到这个世界上时，我 44 岁。我出生的时候，我的父亲也是这个年龄。我们所处的环境由于出生的地域不同而不同——一个生在洛杉矶，一个生在圣路易斯，其他方面我们都十分相像。

虽然，我们没有血缘关系。

由于身体里携带有疾病，我必须定期抽血，针头扎进血管，血液流进试管，这就像一个你永远无法关上的闹钟，无时无刻提醒着，我不能永生，有一天我会死去，有一天我将不得不与我的女儿分离。

"作为父母，你的责任之一就是放手。"我记得蒂亚小学的指导老师在家长会上如是说。那是我有生以来参加的第一次家长会，那天晚上，我是班里唯一一个同性恋爸爸。那是 1998 年，同性恋爸爸还很不常见(人们根本没见过单身、同性恋、艾滋病携带者爸爸)。“你的职责就是让女儿为离开你独自生活做好准备。”她强调。

啊?我花了多少时间?多少美元?多少精力?克服重重困难才收养了她,就为了放手?没错,一天天地,你看着他们学说话,看着他们有了自己的思想,当你渴望拥抱却被推开,这些在他们上幼儿园之前就已经发生了。

那个时候,我就已经发现我们俩有多么像了。“你可以把蒂亚放在一间有 100 个同龄儿童的房间里,”我告诉别人,“观察他们的行为,只要你对我哪怕只了解一点儿,你也能通过对我的了解在五分钟之内认出哪个是蒂亚。”

是先天的还是后天教养的结果?这是个长久以来使专家们着迷的问题,在收养已经越来越普遍和公开的今天,专家们研究得更加起劲儿。

很明显,“先天的”就是说“基因的”或者“有血缘的”,但是定义“教养”就比较复杂了,还包括来自胎教、后天父母教育以及来自家人和他人的影响。

但是我对产前教育是否有用持有怀疑态度,因为蒂亚的妈妈是个瘾君子,怀孕期间根本没有得到护理,而且在我女儿才七个月的时候就把她生出来了。我并不是说蒂亚对她的这种境况完全免疫,她确实受到影响了,几岁之前的她是个“小怪物”。三岁那年,她开始追赶,不仅在身体上,而且在认知上迸发,成功成长到了应有的水平。

而且，我也并不是幼稚地否认她妈妈的血统会对她的将来产生影响，没错，在未来的某时，与她生母相联系的先天性将会在她身上显现。这些我都明白。

“女儿是你一生的至爱吗？”

她坐在电脑前，研究我们家族的历史。她找到了兰尼斯·科恩斯，我的祖父和他妻子。“她的名字被写错了。”蒂亚说，她指的是我祖母中间的名字，凯瑟琳的第一个字母应该是 K 而不是 C，因为她自己的名字，为了纪念意义，和我祖母的一样。

虽然她的 DNA 与科恩斯家族的血统不符，但是我那十几岁的女儿对于成为一名科恩斯家族成员非常严肃认真，并且决定好好调查一下我们在欧洲的根源。血缘被抛弃在一旁，她选择继承科恩斯一脉，所以兰尼斯·科恩斯就成为了她的曾曾祖母。

蒂亚被她生母抛弃在医院里，除了名字，什么也没得到。让她妈妈怀孕的不知道是哪个男人。在长达三年之久的收养申请过程即将结束时，很多“可能是她父亲”的“家人”在最后一刻出来争取监护权。

“为什么？”每个人都这么问，“在抛弃了她三年之后突然冒出来抢夺她的监护权？”“因为你是个同性恋？”是人们问的最多的问题，其次是“因为你是 HIV 阳性？”虽然人们把我不能成为蒂亚爸爸的理由列了一张单子，我是个白种人的事实还是战胜了我的性取向。

一个以严格控制家庭血统纯正著称的法官，最终驳回了所有伪亲戚的申诉，把全部监护权判给了我。对于蒂亚的血亲们，我将交流的大门微开，我彬彬有礼，和他们聚会或见面，短暂而甜蜜。蒂亚比我还没兴趣与他们保持形式上亲密的联络。

“你才是我的家人。”她说。她让我想起很多人，他们中有同性恋、异性恋、年轻人、老年人、白人、富翁和贫民，在我和蒂亚努力争取这段共同的人生旅程中，他们都提供过帮助。“他们来自爱尔兰，”她坐在自己的房间的电脑旁向我汇报，“兰尼斯的父母都出生在爱尔兰！”我和蒂亚曾去都柏林旅行，早在登上名为“科恩斯号”的轮船时，我们就已经确认了自己的爱尔兰身世。我们还发现不只一个科恩斯家族成员被葬在了豪华的哥拉斯内文墓园。看来蒂亚宣布自己投靠科恩斯家族是个明智之举，她不只在名字上是科恩斯，她已经下定决心要拥有这个姓氏。

在选择科恩斯家族的同时，蒂亚是否也否定了自己的血亲家族呢？也许吧。否不否定重要吗（对一个只有 14 岁的孩子来说）？我不相信蒂亚否定自己的黑人血统，但是我相信她在科恩斯和自己家族之间选择了前者，在这件事上，我既没参与也没给出过建议。当然，更没有反对，为什么我要反对呢？我们都有改写自己历史的冲动，出于种种原因，我们在家族历史上添上这个修改那个。

“女儿是你一生的至爱吗？”

“9 · 11”事件那天，我把蒂亚送到学校，至今犹记当时心中的极度不安。蒂亚已经上一年级了，特别独立。但我不是，在那特殊的一天，我和其他父母一样，比平时更紧地拥抱了自己的孩子，然后把他们交给老师。放手，头脑中的声音提醒我。

然后我走开了，觉得自己很没用。后来在学校对面看到一所红十字会，以前怎么没注意过呢？我要去献血，我想。我朝那里走了过去，当看到眼前大大的红色十字，我突然想起，我的血是坏的，不能献。我会死于艾滋病。我告诉自己，多久之后？放手，我对自己说，你必须对她放手。

我心中一部分的声音希望“9 · 11”事件可以为我提供语境，让我向蒂亚介绍死亡或失去。但我没能如愿。

所以，直到蒂亚九岁，我才告诉她，我的血液是“不同的”。“不同的”这个词总是被我用来向她解释很多事情，比如我和我们的家庭构成。在我努力避免使用“疾病”这个词的时候，我给她读了一本专门为了应付这种场合的儿童书，书名是《我的爸爸有艾滋病》。她好像没怎么被这个新闻困扰，好像我不过是脚趾痛而已。

如果你想知道，在接受这个事实上蒂亚有什么发疯的举动，那就是她坚持要穿我的T恤衫去上学，无论洗过的还是没洗过的。我业余的心理学知识对这件事的解释是，穿着我的T恤衫会让她感到安慰，仿佛我就在她身边，也就是说——不放手。这并非是我的束缚，现在是她抓住了我T恤的领子。

我们好像在放手问题上也很一致。

蒂亚第一次月经来潮的时候，我们正好在外面，参加2005年度同性恋电影节，我参与制作的一部电影也将在此上映。虽然我看过很多这方面的书（在书架上，放在《我的爸爸有艾滋病》的旁边，还有很多其他关于血液的书），也和她探讨过月经的功能，她还是感觉很尴尬，甚至是有点儿吓坏了。所以直到她开始的一天后，蒂亚才告诉我，而且我对她之前在情绪上的波动也没有敏锐地发觉。

如果是妈妈，她会不会马上告诉她呢？可能会，也可能不会。我和很多不同类型的女性朋友们都聊过，她们都记得自己月经初潮的时候瞒着妈妈来着。我对这件事的回答很慎重，不让她知道其实不是月经初潮让我不安，是她这么快就已经长大成人的事实影响了我。

蒂亚很怕抽血，实际上，她有恐血症。有一次，医院要求她做抽血化验，我还提醒她振作点儿。时间一年年过去了，在这些不安的小事面前，我感觉自己是被需要的。奇怪得很，把我们联系在一起的，正是血液。

这并不是说我和蒂亚之间就没有磕磕绊绊。开玩笑！每个家庭每天都上演着“父母-孩子”冲突剧，我们家也不例外，无论我们的文化和所处的社会关系有多么迥异，我们和其他家庭之间也没什么区别。

当洛杉矶艺术高校揭榜之日，我正在北加利福尼亚州葡萄酒之乡拍电影。我扮演的角色是一个葡萄园园主，他有一个女儿，刚刚考取了大学，正准备离开家门。在女儿的送行派对上，这位身患癌症的父亲做了一个情深意长的演讲。他用葡萄酒作为人生的比喻，向女儿祝贺的同时也是诀别。

我一直不能精确地把握人物心理，直到开拍几个小时前给蒂亚打了个电话。

我查了查家里的来电录音，看看她演绎的朱丽叶独白有没有让她进入洛杉矶艺术高校，结果通知说她成功了。我迫不及待地给她打电话，告诉她考试结果，她哭了，那一刻我们虽相隔万里，但是我们的心在为同一件事雀跃。

几个小时以后，我开始扮演这位女儿即将远行的、又或者是即将离开女儿的父亲。他知道自己无论如何必须放手。工作了一天之后，工作组、群众演员和导演，人人都已经很疲乏了。

在我个人的演艺生涯中，这是我唯一一次在开拍前，要求导演给我点儿时间酝酿一下。我需要找到自己和角色的共鸣，然后简单地、优雅地、真诚地呈现出来。导演喊过“Action”，我感受着角色的情感，但并不沉溺于其中，将生活和艺术融合在一起，娓娓道来。

“女儿是你一生的至爱吗？”有个男人在我们第一次约会的时候问了这个问题。这是个招人厌的问题，过于亲密，又有点儿敌意和狡猾。晚饭很浪漫，眼前的男人也很性感，但是由于这个尖锐的问题，我开始转入对抗模式。

虽然问题的答案很可能会破坏当时的气氛，我还是回答“是的”。在无数朋友、亲戚和爱人中，无论过去还是未来，蒂亚都毫无疑问是我的至爱。

对方表示理解，承认多少有点儿嫉妒。

但是他没有停，继续问：“你认为是她的爱让你活下来的吗？”

蒂亚是我不断克服健康危机的关键吗？是，也不是。

她是我每日的兴奋剂和镇痛剂。但是作为父母，身心都会受到消耗，我知道的所有父母没有一个不想时不时撞个墙的。我认识的朋友里，有人即使拥有家人的关爱和支持，最后还是逝去了。

在过去的 14 年中，我的艾滋历史里充满了危险信号，有些情况对精神的打击比对身体的打击严重得多，你所看到的我并不完全是内心世界的外化。有的时候我的身体不像我所希望的那样行动，这不怪蒂亚，反之亦然。她不该为我的健康状况负责。有的时候，身体自有其意志，无论怎样治疗也于事无补。

尽管如此，我确实认为蒂亚所带来的持久的光芒为我打开了生活那丰富多彩、神秘多姿的大门，从这个角度来说，她确实是一张长寿的秘方。

一次，我们和邻居家聚会，蒂亚坐在桌子对面，穿着一件黄白条纹的 T 恤衫，和她棕色的眼睛很般配，我女儿内外都那么美。

我们在一起，所以我相信奇迹。为什么？抱着她那小小身体的第一个瞬间，我知道她就是我的女儿。是宿命吗？也许。我们的纽带是牢固而不可摧的，虽然我们之间没有血缘关系，但是有一种同样强大的力量把我们联系在了一起。

不必言明是什么力量。当蒂亚还很小的时候，我曾常常对她说："在你的心脏和我的心脏之间连着一条线。"现在，我相信，这是一条动脉，向我们的心中输入了生命。

女儿十八岁生日宴会上读给她的信

特雷·伊利斯

不知什么原因，总有一种说出自己所有秘密的冲动。

我的第二本小说就是根据自己的真实日记改编的。妻子搬出了家，留下我独自抚养三岁半的女儿和半岁的儿子，于是，我决定写一本创新性的非小说文学作品，只写我家庭生活中最痛苦的事情。书名为《床头故事》，开始写书的时候艾娃才上二年级，所以不可能看得懂，现在她上六年级了，我很怕哪天回到家看见她正趴在那本书上。

小说家梅格·沃利兹、小说家希尔玛·沃利兹的女儿，曾经在《沙龙》上写到过这种既是作家又是父母的尴尬。梅格上高中的时候，一个男同学看到她妈妈在书里描述口淫，顿时整个校园里都传开了，闹得沸沸扬扬。我的回忆录不仅比梅格的更肮脏，而且还包括我16岁时母亲自杀，22岁时父亲死于艾滋病。我尽量避免让艾娃的妈妈充当小说中的反面人物，但无论怎样，问题就摆在那儿，人们总是会问："为什么一个女人不愿抚养她的孩子？"

阿曼达，我迷人的女朋友，对我说艾娃很快就会看这本书了。我不太确定。艾娃的心就像最昂贵的珠宝那般玲珑，她虽然能够本能地感觉到，但是她才十岁，太年轻了，根本不可能理解她爸爸那复杂的、限制级的过往。孩子们很精通自我保护的，虽然将耳朵贴在门上就能听到父母争吵，却不代表他们就一定会去偷听。

如果现在让我来写这本书，我一定会删去很多自己在离婚后的恢复过程和独自抚养两个小孩子的部分。

现在所写的，是为我女儿——这个星球上最棒的小姑娘，量身定做的关于那本书的解释和补充说明。愿这些文字能够帮助她，或者任何越过她肩膀偷看的人们理解我作为一个父亲抚养女儿的哲学。

当然，哪个父亲不爱女儿呢，但是单身父亲和女儿的纽带要复杂得多。我是艾娃的爸爸，某种意义上，过去七年里我也是妈妈。我记得艾娃还在上幼儿园的时候，有一次，妈妈们决定办一个鸡尾酒会，她们邀请我做荣誉成员（顺便说一句，我拒绝了）。艾娃的弟弟柴特刚会说话的时候叫我“妈爸爸”。在单身父亲的挑战面前，我跃跃欲试，并在神圣的痛苦里沾沾自喜。我觉得这是家族遗传，16 岁以后我就由父亲独自抚养，因为生母自杀了。六年后，是我照顾着后来死于艾滋病的父亲。所以 22 岁的时候，我觉得我们伊利斯家的人喜欢挑战不可挑战的困难。如果命中注定我们都是悲剧英雄，我将把自己塑造为史上最好的悲剧人物，也就是最好的单亲爸爸。

字里行间，我觉得自己好像忘了抚养子女是场马拉松比赛，而不是一锤子买卖。也曾愚蠢地认为在孩子们零到五岁期间父母最辛苦，此后他们就能在此基础上很好地成长了。现在，孩子们都上学了，我努力让自己相信我的任务基本完成了。他们青春期的时候会很疯狂，然后上了大学就会好得多。

但现实是，艾娃还有一个月就中学毕业了，我丝毫不得松懈。

我本应该在三年前就知道——当时艾娃八岁——我将来会有麻烦。一个好朋友的妻子曾经问我，当时候到了，我要怎样向艾娃解释青春期和月经。当时我想到时候我一定能查出办法，就像我查找其他问题的解决方法一样。如今我突然发现，在网上查“胸罩”或“月经”不仅不能帮助我解决问题，还会让警察破门而入。

所以我朋友的妻子劝我去美国女子图书馆买一本叫《关心与呵护》的书。由于在亚马逊网站上购书成瘾，我马上订购了一本。两天后，书到了，我打开包装，书从里面滑落，掉在地上，打开的那页是一张大幅的阴道卡通图。

我立刻把书合上，而且再也没有碰过它。不过，也不完全是浪费。上个月我发现，艾娃发现了这本书。当然，当我小心翼翼拷问她书上的内容时，她都不理我。我很受伤，知道大多数女儿们都不会和爸爸谈论这些问题的，但是，和妈妈谈吗？那么和我呢？和我这个给她准备野餐的家伙？主动要求参加学校组织的风火轮跑步大赛的家伙？每周日花一个小时给她理顺头发的家伙？

艾娃的头发。一个年轻的黑人女孩儿的头发，有那么多卷儿的头发。和她头发上打的结儿英勇地搏斗，我都为自己感到骄傲。为了即将到来的中学毕业典礼，艾娃要我到时给她编辫子，"爸爸，你能行的。"她说。我听了很高兴，但又怕她看起来像遭了电击。所以，我努力让她妈妈从亚特兰大过来，不仅为了让她看女儿的毕业典礼，也为了典礼前一天晚上给她梳头发。

为了更好地理解我和艾娃的关系，我认为应该介绍一下我的母亲。就像我在《床头故事》里写的："母亲是个女权主义者，我长在 70 年代，所以毫无他选地认为女人的位置应该在白宫或国会，或者像我母亲那样在耶鲁大学法学院。母亲以优异的成绩毕业于霍华德大学，后来在密歇根大学获得心理学博士学位，并执教于此。我十几岁的时候，33 岁的母亲去了全国最顶尖的法学院。所以，我相当惊奇地发现，独自抚养的四岁女儿居然沉迷于烹饪、涂指甲、吃化妆品以及其他一切和公主有关的事情。我很害怕她长大以后会成为一个共和党人。"

艾娃现在不那么女性化了，也完全不是共和党。有一次我问她要不要带瓶儿保湿啫喱水，因为她那摇滚明星般的头发一天下来真的很干，而且毛茸茸的。她回答我："爸，我不是那种特讲究的女孩儿。"不可思议，我更加爱她了。

书里，我还提到，我们做父亲的在女儿十几二十岁的时候应该如何爱她们，让她们完成从爱父亲到爱男人的平稳过渡。克里斯·洛克[*]也是几个女儿的父亲，他曾经说过，父亲的职责就是让女儿远离钢管儿。也就是说，防止她们成为脱衣舞女郎。电影《美国丽人》把这个进退维谷的难题形象化了。在影片的结尾，凯文·史派西盯着他那一度幸福的家庭的照片，里面那个抱着爸爸脖子欢笑的小姑娘哪里有后来恨不得杀死老爸的青春期少女的影子。

"其实，我约会过的大多数女孩儿都有父亲问题，父女关系总有些吵闹和敌意。在人生最低谷的时候，我禁不住吓唬自己，女儿也许某一天就不再爱我了。艾娃的妈妈不也曾用充满爱意的眼神看着我吗？"

"当我临死的那天，躺在床上，女儿对我爱的程度将成为我对自己人生旅程评价的唯一标准。"

直到遇见阿曼达，我都不知道自己有多依赖女儿。阿曼达总是把艾娃叫作我的另一个女朋友。面对阿曼达，艾娃不怎么嫉妒，她妈妈见到阿曼达时还要更嫉妒一些。艾娃成天挂在我胳膊上对我说的，我是她"最好的朋友"，此外我还能够真实地感觉到，我是她的"男人"。当她疏远我的时候，我还是不可思议地觉得她那么可爱。她现在沉迷在《暮光之城》里。看着她陷入对其他男人的浪漫感情里，我也觉得可爱。她就是贝拉，当她被那个吸血鬼男孩儿爱德华领走时，她还真对我说了一句："别担心，爸爸。"

---

* Chris Rock 克里斯 · 洛克，美国著名导演。

我的艾娃和贝拉一样漂亮，长得像她妈妈。但是她的性格像我，比较腼腆，柔声细语，却美得张扬。每个见到她的人说的第一句话就是她很漂亮。真说不好她会怎样去爱自己的恋人，希望我和阿曼达长久稳定的恋爱关系能给她树立一个好榜样。

希望我写的那本书会给她更多答案，或者至少能够开启我们成人与成人之间的对话。

勇往直前

理查德 · 纳什

我很清楚，如果我以这样的开头开始这篇文章，“现在是凌晨 5 点 30 分……”，你们肯定以为这里讲述的是她出生时的故事。但是，对我来说，她的故事开始于出生前两周（比预产期早了整整一个月），我还是要从 5 点半开始，尽管故事真正开始的时间要比 5 点半早 28 小时。

当时，我正坐在一家豪华酒店的天井院子里，前天晚上喝了太多的红酒和啤酒，抽了太多的烟。其实我六月份就戒烟了，直到昨天为止戒烟行动还很成功。

因为那里举办了世界上最大的图书博览会，我才在预产期前一个月离开妻子。（在世界第三大图书博览会的最后一天我开始戒烟。）很多人都不想去，因为喝得多、睡得少、酒价贵，光亮过分的地板，每天 20 次之多的会议（每半个小时开一个会），但是，我很喜欢。我就是这样的人：在这个特殊的行业里，我扮演着特殊的角色，因为如果这个星球上有一万人是真正靠这一行致富的，我就是其中之一。所以，按照命运的安排，我出现在法兰克福书展上。这是做父亲之前的理查德自大的想法。

我觉得自己命中注定将得到一个女儿。我十岁大的时候，父母收养了一个女儿，那个时候我就已经做好了生个女儿的准备了。当时修女们来到我家，父母介绍说她们是我们家的朋友（我来自爱尔兰，在那里，每家总会出个修士或修女，或者有个修士或修女的朋友），她们问我和我兄弟，想要个小妹妹吗？我们异口同声回答："不！"我们想要弟弟，最好九个弟弟，这样就能组成一个球队了。足球是那时候我们最热爱的运动。我的父母被吓到了，后来修女们向他们肯定我们兄弟俩是喜欢弟弟妹妹的，因为当然她们已经事先对我家是否适合收养进行了一大番考察。我们没有那种"到时候父母就不那么爱我们了"的想法，修女们知道这一点就足够了。

对于一个笨笨的，沉溺在自己世界里的书虫男孩儿，生活里突然出现了一个小小女娃儿，再没有什么比这更让他受益的了。给她喂饭的时候，当勺子接近她的小嘴儿，你自己的嘴也会下意识张开，并且模仿她吃饭时的声音。在一个男孩儿的一生中，没有多少瞬间是这样完美的。

所以当你走过了人生的青春期阶段，迈入了30岁，坐在地铁里的你，会希望对面婴儿车里的小宝宝把她的玩具朝你扔过来，这样你就可以捡起玩具，借机逗逗她，向其他人显示显示，也向你自己显示显示，你多么会做父母，多么从容不迫，多么有意思。

好吧，只要你觉得自己准备好了，一切就都准备好了。

但是，当发现自己当真就要成为父亲时，我并没有准备好。如果按照计划行事，当我写下这些文字的时候，就应该有个小孩子在身边跑来跑去了。而不是直到 15 个月前才有孩子。两年前，妻子呕吐了两个星期之后，约好了肠胃医生。当时肠胃炎在我们周围蔓延。看了趟医生，回来继续吐了几天，看了肠胃医生，怀疑是胃溃疡，预约了胃镜检查。就在胃镜检查的前一天，那个之前满脑子想着全面检查的肠胃医生说出了作为肠胃医生非常少见的话：

“你不是胃溃疡，你怀孕了。”

在法兰克福，我一个又一个地给妻子打电话，告诉她我马上就回美国。在那个不眠不休的 24 小时里，我给人们讲述肠胃溃疡的故事，这样就可以既谈论妻子的怀孕，又可以避免承认事情正朝着极坏的方向发展，这样就可以避免当时正在发生的事情。其实，对当时正在发生的事情我并不知道多少，只知道妻子正躺在家里的地上，疼得起不来，我打电话给姐姐看她能不能想个办法进门去帮忙。后来在几个朋友的帮助下，妻子被送进了医院。当天晚上我就赶到了机场，手里拎着行李，看有什么办法可以让我回纽约，最后只能乘第二天的头班航班飞回美国（下午 3：30 以后没有从法兰克福到纽约的航班了）。

那个时候最重要的就是做好准备。你却什么准备都做不了。这真是令人崩溃。从机场又回到酒店，晚上没办法走，只能按规矩第二天早上六点到机场。站在酒店的大厅里，存放了行李，左右手各拿了一杯红酒，朋友给买的，为了缓解我的焦虑。本来一切都好好的，没必要担心女儿也没必要担心妻子。本来一切都准备好的，现在我却一无是处。

早上 5 点半，陪在我身边的是一个叫杰米的男人。他是一个在法兰克福书展上最吃得开的男人之一，非常有才，是苏格兰出版社的总编，他在奥巴马宣布参加竞选之前就报道过他。杰米并不怎么认识我。即使当时我在那种状态下——焦虑、还喝了酒，也知道他载着我抄最短的近路。他听说了我的遭遇，安慰我说没关系的，小女孩儿们是很坚韧的，比我们这些大男人坚韧得多。

他这番话一点儿都没错。妻子本来要住好几个星期的医院，要忍受很多的痛苦，也没有迹象表明我的小姑娘有一丁点儿的不健康。医生们花了很多天来检查到底出了什么问题，事实上什么问题也没有发现。四天后他们给妻子做了核磁共振，结果显示妻子的骨盆有破裂现象。我们猜可能是我女儿在努力地长大，压迫着妈妈的身体。在那些天里，我们等待医生检查女儿的肺是否成熟到可以做剖腹产，那些天里，妻子忍受着痛苦，血压猛降，女儿的心脏监测器依然正常，她的心跳十分强壮，勇猛直前。（她现在也是这样，完整地描述应该是有力、勇往直前和固执。作为一个只有 16 个月大的小生命，这个小姑娘知道自己想要什么，而且毫不畏惧，只知道勇往直前。）

但是小姑娘们不仅仅很强壮，杰米那天晚上还说，她们还很神圣，杰米说的时候脸上带有狡猾的笑容。他的第一个孩子是个女孩儿，几年前当她出生的时候，音乐家、作家兼诗人基尔·斯科特给杰米寄来了贺卡。上面写了一首赞美小姑娘的歌：“享受你的奇迹吧。基尔告诉我，”杰米继续说，“协助妻子，跟孩子尽量多在一起，这就是你对神明的敬畏。”然后杰米上前一步，扶着我的肩膀，闭着眼睛，开始背诵那首歌词。

虽然妻子的血压又猛降了一次，马上就到危险指标了，但是剖腹产却进行得很成功，是住院几个星期来最顺利的事。经过一番波折，我们的生活又恢复了常态。虽为作家，我却无法向你们描述看到女儿第一眼时，我身体上、心理上的震撼。大多数人都经历过类似时刻，真正的作家会让没经历过的人体会到那是什么样的感觉。子宫里的力量让她带出子宫外来了，但是我们的社会，无论从身体上还是心理上都会对年轻女人的这种力量进行削减和破坏。我清楚地知道，自己将很荣幸地肩负起维护保留女儿这种天然力量的责任。

很奇怪，我认为女儿苏菲娅最好的榜样是第一夫人米歇尔·奥巴马和希拉里·克林顿，我希望她像她们那样自信、热烈。在她们的羽翼下，女孩儿们能够展翅飞翔，但是我妻子跟她们毫无共同之处，我和她们的丈夫们也存在天壤之别。希拉里的痛苦经历比米歇尔更公开，但是你知道，她们都有钢铁般的意志，她们也都很亲和迷人，她们从经验中学会如何将二者兼顾，什么时候刚强，什么时候柔和。我希望苏菲娅能够像她们一样，高雅而有力。

我知道苏菲娅必将成为领袖，但是我并不想强加给她当领导的思想。要管理一个国家，一个人需要完完全全的自我牺牲，得到的永远比付出的少得多；但是管理一个农场、一所大学、一间公司、一个图书馆、一个运动队或者，好吧，一个国家，如果她愿意的话，我知道她绝对是合适的领袖人选。天啊，我看着她，20 个月大的她，在小区的篮球馆里驰骋，纯粹的冲劲儿，纯粹的勇往直前；膝盖、双手和额头碰到地上，含着眼泪痛苦地投入我的怀抱，半分钟后，却扭动着摆脱我的双臂再次上场了。公园外，在道路上猛冲，我在前面跑，她在后面笑着追，还一跳一跳，小胳膊在空中挥舞；又摔在地上了，眼泪，我的怀抱，扭动着再次站起来。喷泉水池里，对泉水感到震惊，跑出来，绕个圈又跑回去，看大一点儿的孩子把脸放在水柱下，模仿，吓到了，跑出来，又跑回去，尖叫着跳进水里。而我，永远记得杰米给我背诵的歌词，我这个奔向机场，奔回我那勇敢妻子身边的男人，他以这首诗欢迎我加入父与女的光荣行列：

她们的爱没有保留，
毫无虚假，是全新的感动，
女儿对父亲们完全依赖，
这就是梦中所见万事所终，
她们并不知道自身的意义，

她们使你永生，一代一代传诵，

她们与上帝心灵相通，

因为你是之间的纽带，生命的桥虹。

守门员

布兰登·哈尔品

天很冷，还下着雨，新英格兰的足球季开始的时候总是这样。我女儿凯莉站在守门员的区域里，敌队的一个女孩儿带着球向她冲来。

这个冲击者散发着自信，为什么不呢？她已经带球冲到这么远了，你甚至能够猜出她在想什么：希望凯莉像其他这个年龄的守门员一样，退到球门边上，无望地守着球门，好让她能够选择角度，然后射门。

凯莉没这么做，她冲了出来，在进攻者脚下扑倒，抓住了球。进攻者惊呆了：之前从没遇到过如此具有进攻性、如此无畏的防守。敌队当然会持续进攻，但是她们的气焰在凯莉第一次成功救球之后蒸发了。

我希望我能够说是凯莉在球门前的出色表现让她们队在赛季里频频获胜；但事实是，她并不完美，更重要的是，她的队经常和比她们强得多的赛队相遇，所以她经常被用来确保她们的球队只输对手两个球。

总体上来说，我不是很喜欢体育运动。我父母是剧院类的人物，我也如此，即使有运动的激情，我瘦削的身材和不善合作的性格也不适合竞技。

我丧过一次偶，带着一个女儿娶了苏珊妮，苏珊妮带来一个儿子和一个女儿，我突然发现，自己在抚养两个十分有体育天赋的子女。女儿罗文继承了母亲的赛车能力，却也继承了我对体育的不感兴趣。

虽然我更愿意认为是艺术起了作用，但实际上是体育将我和凯莉联系在了一起。

凯莉是整个家庭中最强韧的一个。罗文很高兴她不再是唯一的孩子了，也很欢迎有个成年女性出现在她的生活中。我的新儿子——凯瑟，也很高兴新家庭中不再只有女人，而且这个成年男人还很喜欢电子游戏和漫画书。（他现在对漫画书已经脱离兴趣了，但我却依旧热爱。）凯莉很想保持只有她妈妈和哥哥的状态，后来接受了罗文，但是觉得我的存在是没有必要的。

她用潜台词表达了这个意思，比如她画过一幅一只大狗带着两只小狗的图片，下面写着"一个家庭三四个成员最合适"。她从不和我拥抱，发现屋子里只有我一个大人的时候会不停地哭。

我是个成年人，我看得到凯莉所有拒绝背后隐藏的伤心，所以对待她总是既耐心又体贴。

好吧好吧，我说谎了。很多场合，我会直接和她吵起来。如果你想变成个傻瓜，那就和一个八岁的小姑娘对着吵吧，看谁的声音更大。如果你觉得做一个普通的傻瓜不过瘾，那就学学我，在和八岁小姑娘的争吵比赛中输个彻底。

苏珊妮和我结婚的时候，我已经当了八年半的爸爸了，以前是个女儿，现在是个儿子，我有点儿紧张，却很确定自己对抚养女儿已经很有心得了。

事实却是，凯瑟和我有很多共同之处，抚养他与抚养凯莉比起来简直就像柔和的微风。凯莉改写了所有父女关系的陈规。举个例子，一般父亲会保护女儿免受男孩子们的伤害，我却想保护男孩子们免受凯莉的伤害。观察着她与我的相处之道——充满敌意，偶尔温柔，再次充满敌意，我真的很担心她将来的男朋友们。我看着那些她表现出好感的男孩子，不能想象他们将怎么忍受她的对待。我甚至觉得她会毁了他们。在替脆弱的男孩子们担心的时候，我发现自己其实特别崇拜凯莉。在八岁这个年龄，她比我们大多数孩子都胆大，人们其实渴望成为一个“坏蛋”，但是很少有人成功。

我和凯莉的战斗，沉淀成了一种不稳定的缓和。她从憎恶一路改善为容忍，偶尔（之后马上后悔）还会表现出关爱。有那么两次，她请我做她野外郊游的监护人，每次她都玩儿得很开心，并且对于我的陪伴感到骄傲。我真是受宠若惊。一次郊游回来之后，她的同学们都进教室了，她却留在大厅里，对我说：“谢谢。”然后飞快地跑过来抱了抱我，还亲了我一下。如果她突然长出翅膀来我也不会更震惊了。

我马上跑去告诉苏珊妮，“我真觉得我们 OK 了。”我告诉她，我和凯莉最终接受了对方。

后来两年，那是我从凯莉那里得到的唯一的拥抱。

足球，帮助我真正了解了凯莉，并迎来了我们关系改变的转折点。

不是因为我可以在足球方面帮上忙。虽然我经常骑自行车，经常举重，我还是矮墩墩的，和田径一点儿边儿也沾不上——好吧，好吧，我被田径诅咒了，而且对任何人来说，在运动方面我真是彻底帮不上忙。

所以，我不是教练。苏珊妮给她们球队当过一个赛季的教练，与我，则没有半点儿关系。但是，我却是个值得信赖的好球迷。过去几年里，我观看过那么多场露天球赛、室内球赛和五人球赛（一种室内球赛的变种），我都数不过来，每次嗓子都会喊哑。

凯莉踢过很多位置，她最擅长的还是守门员。苏珊妮看不了凯莉站在球门里，她讨厌看着那么多压力向凯莉奔过去，她太紧张了实在看不下去。

但是我却很享受。我尤其喜欢角球的时候凯莉安排防守的样子，喜欢她断下别人断不了的射门，喜欢看敌队脸上受挫的表情：“好样的，就这么踢，这才是我女儿，把她打回老家去！妈的！”

当然，这些话我只在心里说说。人们通常不会对 11 岁的小女孩儿们言语暴力，即使她们的父母在你边儿上聒噪不停。而且，如果我真喊出来凯莉是我女儿，她也会大声喊回来“我不是”。也对，从生物学角度来说，我们没有血缘关系。这在其他父母面前可够丢脸的，其他父母已经对我很侧目了，因为我总是观看比赛，从来没下场跟她们一起练过球，也因为我总是特别大声地喊加油。

凯莉每救一个球，我都觉得自己要骄傲爆了。不是因为她让球队始终留在竞技场上，而是因为，当她完全抛开自身安全扑向足球的那一瞬间，我觉得自己终于能够完完全全了解她了。

凯莉最讨厌得知球队对自己失望。她是个很有竞争力的人，个子很高。（11 岁的她都快跟我差不多高了，而且还在不断长个子，虽然超不过她生父彪悍的八英尺，但是也差不多会长到六英尺*，足以比我的任何一位祖先都高了。）但我认为身高不是她守门好的原因，真正的原因我觉得是她有了一个要保护的东西，并且绝不允许不认识的人从她身边抢走。

看过了一场又一场的比赛之后，我真是佩服凯莉的防御能力，虽然在家里，这个能力主要用来对付我。凯莉掩藏最深的想法和感情一直是个谜，任何想触摸它们的人都会遭到她最严厉的回击，和赛场上如出一辙。

当然，这只是我的猜测，她从不告诉我，苏珊妮也没对我说过，我觉得凯莉的心受伤了。两岁的时候父母离婚了，爸爸在凯莉的生活中仍是个巨大的存在，他几年后才搬到 300 英里外的地方

* 八英尺=2.43米，六英尺=1.82米

居住。对于父亲的远离，凯瑟很公开地抗争过，凯莉表面上却表现得对此事很无所谓。

我一般不用体育做比喻，但是她爸爸搬走以后，我真的认为她变成了自己内心的守门员，她把每一次拥抱，每一次接近都视作对球门的进攻，于是她就从球门里走出来，给出惊人的一击，让我颤抖，再也不敢妄图射门。（让我们把这个比喻就只当作比喻，现实生活中的我绝没那个能力和 11 岁的小姑娘踢足球，更别说还能坚持到射门。）

也许，她会放过一两个球——比如野外郊游和其他亲近姿态。但是凯莉是一个理所当然的守门员，她和别的守门员没什么区别，如果球射进门了，她也就认了，但是会很快忘记，准备扑向第二次进攻。

我并不是说自己已经找到了能够让凯莉接受我的神奇途径，只是我终于能够解开她的密码。我所做的只是一直在那里，当然，还有喝彩。虽然和其他几个孩子比起来，在凯莉身上我不是那么成功，也犯过很多错误；但是最后，我终于感觉到凯莉已经开始把我视作一个可以信任的成年人了，甚至可以付出她的爱，只是因为我一直在那里。

事实证明，“一直在那里”和我那震耳欲聋的“绝了，凯莉！”都蕴含着巨大的力量，告诉她，她是可以接受我的。

有一天晚上，凯莉给了我一个拥抱，其实只是挂在我身上，但是，我接受。终于，我觉得我们接受彼此了。毕竟我们也有共同点，都是能嚷嚷的大嘴巴，都有尖利冷漠的外壳，保护着受过伤的柔软内心。我猜有可能这个拥抱只是个恶搞，但是我更愿意相信这代表着她终于不再每次都从球门里出来把我击倒，相信她终于相信我不是对手，而是她的队友。

她还只是个青少年，我知道我们可能马上又要回到对立面了，我只是赞叹她真的是个好守门员，也感激她并没有拿出全部技巧来阻击我。

放　飞

卡尔 · 兰尼兹

我人生的诸多准则之一就是比常人略与众不同一些。这并不是说要在 55 岁的高龄学中文或跳伞，而是在对待青少年上略微不同。不极端也不恼人，其实我还算是个比较墨守成规的人。意识到自己的平凡和平庸，我不想在养育下一代上落入生活的俗套。举个例子，我们的女儿可以尽情地吃巧克力、看电视，但是得先完成家庭作业。偶尔出去买买衣服是可以的，但是名牌儿是强烈不建议的。没有家庭测验，但是必须得刷碗。我觉得我们在给了她足够自由的同时，也进行了严格的指导。我们宠爱她，但坚持保持良好的行为举止。这一直很管用，哪怕在她进入青春期之后。

首先，我的女儿从各方面来说都是个很棒的孩子，虽然当父亲的都有自夸的嫌疑，我还是要这么说。证据就是学习很好，交的朋友比较正经，与大人交流很顺畅。各方面都很正常，并且知道事情不总是像大多数人说的那样，这一点明显体现了我的遗传基因。她热爱音乐，喜欢新的乐队和披头士组合。她交往过好几个不同国籍的男朋友，真酷。她是班里的尖子，还是个科学狂人。这就是我女儿。喜欢买衣服，喜欢讨价还价，像她爸爸一样节俭。她可没学芭蕾或小提琴，只是听 iPod，做大量的家庭作业，看电影，约会，泡咖啡馆。她憎恶蔬菜，我也是。

唯一美中不足的是她所做的决定——在 13 岁时，决定转学。在纽约，孩子们通常可以选择多所不同的高中。她的朋友们大多选择在同一所学校继续念高中，但是她却决定参加别的地区的考试。别的地区，是指一个小时车程以外别的区的学校，在那儿她谁也不认识。这对她来说是很大的一步，对我们来说却是作为父母学会放手的巨大一步。

是的，在这之前已经有很多个一小步了，比如第一天上学，第一次在别人家过夜，第一次约会。人生的很多重要转折发生在教堂的红地毯上，也发生在安安静静的步伐里，没有催人泪下的背景音乐。比如沿着一个朋友家的车道上向前走去，她消失在别人家的门后；比如从我的车里走到她朋友圈儿里参加五年级的毕业舞会。无论是距离长短，这些步伐都意味着她正逐渐长大，离开我们的庇护。

无论你信或者不信，放手对我来说不是很困难。我早就让她独自坐过飞机了。她衣服上别着无人陪伴儿童的标志，独自飞往亚拉巴马州的教母家，在那儿参加学校组织的土耳其旅行。我看着她离开，在她回来的时候给她一个特大的拥抱，深知所有这些背后的意义，这些远离的脚步，各扇关住她背影的门和各种旅程。

但是在这个城市里，让她每天独自早晚乘坐地铁上高中，我真是不放心。这种担心改变了我的教育原则，带来了很多和安全相关的焦虑。我们改变了规矩，要求她到学校以后必须给我们发短信，路上不许戴耳机，挑繁忙的街道回家，天黑以后必须有同学陪伴。我们必须这样行事，必须告诉她美好的生活同时也充满了危险，向世界敞开怀抱的时候必须学会有所提防。

午夜至凌晨五点，我喝了大量的冰咖啡，在一个聚会外蹲守。没错，是我，那个从《周末夜现场》* 第五季就不再熬夜的我，难道我有神经病？

批评我之前，请继续往下看。她上二年级，她男朋友是毕业生，她陪他参加学校的毕业舞会。其实没什么，一切尽在掌握。但是我突然听说，舞会后，当所有家长都走了之后，还有一个聚会。没门！绝不同意。一番眼泪攻势和唇枪舌剑之后，我终于同意她参加了，只是有一个条件，我会在聚会外的车里蹲守。这不是监控，这是为了防止意外。我了解这些孩子，也知道他们不会做出出格的举动，但是我告诉女儿和她男朋友，我了解室内聚会是什么样的，通过经验我知道，往往前一分钟大家还很正常，突然有一个家伙踩在空酒瓶上摔倒了，嘭，下一分钟，一切便开始跑偏了。我也知道，如果房子外有一群半夜两点在街上游荡的小青年突然想要冲进去破坏聚会，我也拿他们没有办法。突发事件总是

---

* 《周末夜现场》是每周六晚播出的美国综艺类节目。

有的。但是我必须掌握情况，知道最坏的事情是怎么发生的，情愿她在相对比较安全的环境里去经历这一切，当然还有老爸陪在不远的大街上。

现在告诉大家，一切都很顺利。凌晨一两点钟的时候，有几辆车减慢了速度，但是最终都没有停下来，而是开走了。孩子们在屋子里听音乐，或者在门廊里坐着聊天。惊人的是，不知是谁搬来了伏特加，有人在马桶上吐得厉害。不错！我很高兴女儿看到酒精能带来怎样的混乱。

实际上，聚会开始之前我的惊险旅程就已经上演了。你知道的，我一般十点之前就上床睡觉了，因为我起床也很早。所以我知道自己需要提前补一下觉。我们的住处离学校有一个小时的距离，而且聚会开始的时间要看舞会什么时候结束，所以我在学校附近订了一间汽车旅馆，这样我就能够补觉，起床并且在五分钟之内赶到聚会地点。房间很小，但是我只需要吃点儿东西然后睡上四个小时。

我在对面的餐馆里买了点儿中餐，然后就跳上了床，手里拿着电视遥控器和一只盛了红酒的纸杯，为了让自己犯困，我开始看台球。本打算 8 点睡，12 点起床，按短信上说的，他们要等舞会结束才离开。我把自己安顿好了，门也上了锁。

我开始打瞌睡，计划进行得很顺利，外面突然开过来一辆车，从我窗户下经过，车里放着震耳欲聋的音乐，我仿佛瞬间被拖去看了一场摇滚音乐会。在其他场合或时间，我或许会喜欢这种热闹的音乐，但是今晚不行，几个小时以后我还得去蹲点儿呢。

不用说了，接下来我到了11点才睡着。睡了一个小时，女儿给我发短信来了，我钻进车里，到附近买了一大杯冰咖啡，上路。到了的时候，女儿向我挥了挥手，她的朋友们也向我挥了挥手，她们有人告诉她爸爸很好，有人告诉她爸爸很傻。凌晨5点，女儿发短信说，他们要锁门然后睡觉了，我就到了附近的饭店，点了一顿丰盛的早餐，从报纸捆上抽出那一天的第一份报纸。

这就是我在那个小车子里愚蠢的彻夜蹲守的故事。我妻子和朋友们说我很傻，说我一开始就不该让她去那个聚会。但是，那么大规模的聚会，那么多喧闹和疯狂举动，她在将来上大学的时候都会经历，所以对于这次她的和我的不眠之夜我不是很反对。我喝了咖啡，听了音乐，女儿则朝前走去。

我什么也改变不了，无论是那天晚上的事还是这个年轻人的其他冒险。这个年轻人，现在，已经差不多成年了，只需要再伤几次心和自己付房租。

我们在一起走过的另一个意义重大的过道——这是在婚礼和她一起走过教堂大厅之前最重要的一次——是从货车走到她的宿舍，拿着大学生的日常用品：枕头、铅笔、电脑、T恤衫还有其他好多东西。拥抱也抱过了，道别也道过了，她马上就要和室友走进一扇大门，我和妻子则要转身走回货车，我肯定自己上了车一定会哭出来，18年来的第一次。女儿那天晚上不会回来吃晚饭了，之后的许多个晚上也不会回来了。再也不会为了房间的脏乱吵架，再也没有性情暴躁的叛逆青年，再也不会围着餐桌聊天或一起看电视。所有那些通常的、重复的、老一套的家庭生活从此一去不复返了，对此，我将无比怀念。

在我写这篇文章期间，关于放手这一点我们还经历了一段云霄飞车般的旅程。首先是她高中毕业舞会，这次没有蹲点儿，我只对她说："好好玩儿，注意安全，明天见。"当晚10点我就上床睡觉了。结果，奇迹中的奇迹，她完好无损！接下来是旋风般的两周，一场接一场的同城同学聚会和刷夜活动，彻底颠覆了正常的作息。父亲节收到了她写的甜蜜贺卡。然后是规规矩矩的很棒的毕业庆典。接下来是家长和朋友们都参加的毕业烧烤会，之后她和朋友们进城了，直到凌晨一点才回家。知道这期间我在做什么吗？没错，上床睡觉去了。很庆幸之前我们竭尽所能地塑造过她。

我们都明白改变需要时间，我们彼此之间的爱也需要时间来衡量。她的大学离家五小时车程，不远也不近，周末不回家，我觉得不错，但是我们会在一起过节，每个秋季一起旅行去看足球赛。

高中的最后一天，我给她发了个短信，通知她这是最后一天她需要对我汇报行踪。她给我回了短信，全是大写字母："我到学校了，爸爸。"过去的四年里，她给我发了无数条报告行踪的短信，未来的四年里这样的短信能够有百分之一我就感觉很满足了。我可不想变成个讨厌鬼。我会加倍工作来付她的学费；她呢，工作、学习、结交一群新朋友，找到通往事业的道路。她也要学会放手，在某种程度上，对过去的老朋友和旧习惯，对家里她的卧室和猫咪，对爸爸和妈妈。

但是，我猜，我希望，我们来来回回的短信将是“我爱你”。其实，对此我很确信，比生活中的任何事都确信。这很好，一只手放开，一只手抓住。以往过街时用来紧握对方的手指，现在则用来写文章和发短信。

大世界

克劳德·斯丹纳什

我们在自家的牧场上。母亲和我坐在牧场中央的干草堆上，不远处有个磨坊，风车吱吱呀呀随风慢慢摆动。太阳吊在地平线上，半个小时以后就会消失。父亲骑在他最中意的马上，那是一匹枣红色的马，额头有一片白色鬃毛。父亲说他得骑马到另一个牧场去，谈一笔严肃的生意。

一小时又一小时过去了，天已经完全黑了下来。四周黑漆漆的，天空星光点点。安静得很，只有风车转动的响声。远处传来野兽的叫声。危险吗?

谁知道呢?突然远处传来一声嚎叫。“可能是只土狼。”母亲说。我有点儿害怕了。

爸爸在哪儿?摔下马了?虽然父亲是一个出色的骑手，但是摔下马在牧场上是常有的事儿。在那个牧场遇到麻烦了?天知道他干嘛要把我们丢在这里。

母亲试图安慰我。“你能听出其他声音是什么动物吗?我打赌那是一只猫头鹰。”我当然听出了猫头鹰的声音。“但是那声嚎叫呢？”她说，“那是土狼老头儿。还有转动风车的西风婆婆。”

她提到这些的时候声音平静温和，听起来那么自然，每种动物天经地义就该那么叫。既然母亲很放松，我也就很放松。

当我们听到远处嘚嘚的马蹄声和鞍辔的叮当声，已经又过了两个小时。这声音在我听来已经很自然了，但我还是拥抱了母亲。然后一人一马出现在我们面前，我跑过去迎接父亲，不一会儿之后，父亲取下了马鞍，马出了一身的汗，我真爱死了那个味道。

现在我还能闻到那味道。我讲这个故事的目的，不仅仅为了说明比喻在生活中的重要性，更重要的是那些家庭中讲故事的人相信土狼老头儿、西风婆婆和马背上的汗水一样真实。

20 世纪 30 年代，大萧条时期，哥哥弗兰克 14 岁，我 10 岁。父亲去世了，留下母亲一个人承担起整个家。我们有个养牛的小农场，但是三年大旱，墨西哥热病肆虐，牛肉一磅才卖半分钱。家里的存款随着银行的垮台消失得无影无踪，但是母亲却始终像灌木丛一样坚韧，我们最终挺了过来。

故事，是生活的心脏和灵魂。故事讲述了我们的感觉、思维和行为。无论敏感还是迟钝，赤裸裸地展现着人心和灵魂。

我们斯丹纳什家讲故事的传统源远流长。从波兰开始，那时人们处在普鲁士帝国的统治之下。我祖父被普鲁士帝国征兵了，因为他精通骑术，被编入了皇帝的近卫军骑兵队。祖父未来的妻子——我的祖母玛丽 · 兹格蒙德，出生在太平洋一艘驶向美国的船上。我的祖父母和曾祖父母是南得克萨斯州勇敢的拓荒者，当时那片土地上充斥着美国、墨西哥逃犯，阿帕奇印第安人和欧洲所没有的响尾蛇。

我母亲，玛丽·博达·斯丹纳什，是个讲故事的大师。有一个故事，讲述的是当小玛丽三岁大的时候，她爸爸带她去看阿帕奇族的叛徒杰罗尼莫*，结果她爸爸被美军抓到了，在圣安东尼奥的阿拉莫广场示众。我母亲不是作家，但是她讲的故事一会儿逗人捧腹，一会儿催人泪下。

我也是个讲故事的人，我妻子芭芭拉也是（通过诗歌）。但这个故事讲述的是我们的一个女儿——米歇尔。我们还有两个女儿，帕米拉和朱莉。这个故事主要聚焦在米歇尔身上是有原因的。她可能就是那个在我和芭芭拉过世之后继续讲故事的人。

有一件发生在我身上的事，给了米歇尔很大的灵感。我在圣安东尼奥《光明》报工作，有一天我决定跳槽去《生活》杂志社。放假的时候，我跳上前往纽约的火车，然后出现在《生活》杂志执行主编威尔森·黑克森的办公室外面。秘书让我先坐，等黑克森先生有时间见我的时候再通知我。于是我就坐在椅子上等，几天过去了，他也没叫我进去。公司里的人觉得我很可怜，给我拿来了咖啡和三明治。

两个星期过去了，他还是没有见我，我消沉地回到了家。第二

---

* 阿帕奇印第安部落酋长，后来投降美国。

年的假期，我又回到了黑克森先生的办公室外，经过了几天的等待，终于，他把我叫进了办公室问我想要什么。我告诉他我想加入《生活》，他问我有什么资质，我回答："首先，是坚持不懈。"

他哈哈大笑。"是的，是的，我知道你很能坚持。但是我们没有适合你的岗位。"

我的心立刻沉了下去。我踏上了回程，回到《光明》报工作。

差不多一个月后，我在报社对面的咖啡馆里喝咖啡，复印室的小男孩跑过来告诉我有纽约来的电话。不是黑克森先生，是他助理打来的。"我们在洛杉矶的好莱坞分公司给你找了个职位，请一周之内到岗"。

自从父亲去世之后，我们经历了很多困难，当接到《生活》杂志的邀请后，我记得自己回到家，说："他们想让我去好莱坞。"母亲说："去吧。"这就是她说的，毫不犹豫地说，"去吧。"我感觉很自责，因为我们住在城南端的小阁楼里，祖母还不会开车。她的行动也因此受到了极大的限制。离开的那天，我的心都碎了，我将把妈妈独自一个人留在那里了，而她对于我做出的一切对自己有利的决定都毫不阻拦。很简单，"放手去做吧。"我相信，米歇尔曾遇到过很多挫折，于是她想到了我的故事，重新鼓起了勇气。

米歇尔出生的时候，我和芭芭拉住在纽约。她是杜克大学毕业的资优生，留校在国际教育学院文科部工作，主要工作职责是为国家引进画家、作家或其他有才华的人。我为《生活》杂志社工作了13年，最近辞职了。

米歇尔是个健康漂亮的宝宝，有一双大脚。“她血管儿里有得克萨斯血统，她一定会长得很高。”一个护士曾如是说。当然，她是半个得克萨斯人，我们住在纽约，她的第一个家是格林威治村韦佛利广场最具代表性的黄石头房子，这座公寓的地下室在20世纪90年代曾经是一家非法的地下酒吧，房子后面还有一个小后院儿，离亨利·詹姆斯*住的华盛顿广场仅有几步之遥。沿街而行，就来到了埃德娜·圣文森特·米莱**的故居。穿过街道，是埃德加·爱伦·坡第一次公开朗读他的诗作《乌鸦》的地方。

我给米歇尔换尿布，给她讲故事。跟其他孩子一样，她喜欢一遍一遍地听某些故事，比如《卡车里的鸭子》、《老鼠妈妈》，尤其喜欢小熊爬到树顶，眺望那“大大的世界”的故事，米歇尔特别喜欢这一段儿，还总是把它说成“大大的四界”。我也跟着她的口音读故事，“大大的四界”，希望我的女儿也能够看到那个大大的世界，并乐在其中。

在纽约的时候，到哪儿我们都带着米歇尔，比如购物、参加聚会、坐地铁。虽然她还看不懂，但那时的纽约欣欣向荣，朝气蓬勃。在20世纪60年代早期，纽约是整个世界的艺术、金融和文化交流中心。（几年以后，米歇尔给新泽西州的一家电影公司工作，她还抽空去了纽约，重新游历了一番我们曾带她去过的地方。）

---

* Henry James，美国著名作家。

** Edna St. Vincent Millay，美国著名女诗人。

米歇尔两岁了，我和芭芭拉都想改变一下，而且也需要减少一些生活成本。于是我们搬回了我在圣安东尼奥的老家，定居在马福里克山上的一所房子里，那里可是个启发想象的好地方。

住在山上的好几年里，米歇尔都是家里唯一的孩子，周围没有邻居，她缺少玩伴，我和妻子都没有注意到她很孤独。米歇尔经常去看我妈妈，她的奶奶，她们在一起很高兴。她听了好多祖先的故事，他们在残酷的普鲁士帝国统治下的生活，他们来美国寻求新生活的艰辛，他们都成了农场主或牧场主。

米歇尔的双胞胎妹妹们，帕米拉和朱莉，在米歇尔七岁的时候来到世界上。她很爱她们，她们也爱她。但是她们很不同，是好学生，同时也是优秀的田径运动员。朱莉十一岁的时候写了家里的第一本小说——讲述了一个男孩儿和他的马的故事。

在马福里克山，我们接待了大量有趣的访客。他们带来很多新奇的故事和有趣的对话，米歇尔总在一旁倾听，很少加入谈话，却聚精会神，填充着她的想象空间。我在《生活》杂志社的同事，一名摄影师兼作家来拜访我们了。弗雷德·吉普森也来过，就是那个电影《尖叫的老人》的原著作者，此外，他还写过很多本书，都改编成了电影。他带着他那年轻的未婚妻——穿着豹纹迷你短裙的安吉丽娜，来看过我们。还有威利斯和乔·牛顿兄弟，我曾经为了一本书采访过他们，他们可是退了休的亡命之徒，银行抢劫犯和火车劫匪。在马福里克山上他们很喜欢芭芭拉做的芥末酱，作为回报，他们会带来自家蜂房里产的蜂蜜。“我们太老了，再也抢不动银行了，但是我们还能跟蜜蜂抢蜂蜜。”他们说。

我曾经下大力气写过“牛顿小子”的故事，为什么？因为他们的故事不只讲述了天才银行劫匪和火车侠的故事，更多地反映了20世纪20年代处于历史变革中的美国，从一个以土地为价值衡量标准的农业国家向以金钱为价值标准的科技工业国家转变。

一部关于“牛顿小子”的电影就要启动开拍了，这给了我很大动力来完成这部书稿。我问米歇尔要不要帮我。这部电影，由20世纪福克斯公司出品，启用一线影星，音乐也很经典。有意思的是，导演理查德·林克莱特在影片中加入了斯丹纳什家族的身影。我在里面客串了一小段儿，扮演一位头发斑白的农民（我被告知三天不准刮胡子），银行劫案发生的时候正在那里存钱。米歇尔也出镜了，扮演一名女教师。

但是，电影拍完的时候，书稿还远远没有完成。我已经把故事扩充了，增加了主要的人物性格，加入了很多抢劫和追捕的细节。但还不够，还有好多空白需要填补，比如20世纪20年代的社会面貌、人们的穿着打扮、开什么汽车、听什么音乐等。米歇尔帮了大忙，她在收集资料方面无与伦比，像上满了发条一样不停地挖掘，直到填满了故事所需的所有细节。

更重要的是，米歇尔开始对我塑造的人物性格提出挑战。她认为我笔下的威利斯太软了，他太太路易丝太甜了。难道威利斯心里没有邪恶的一面吗？比如，打架的时候他不是咬断了对手的一根手指吗？路易丝不是比我描述的更狡诈、更聪明吗？

“对于女人，你不如我了解。”她说。

后来，经过了几个月的共同努力，对分歧的多重讨论，我们认为我们一起创造了一本好书。书出版的时候，《可卡斯书评》写道：“这本书超越了人物传记，威利斯的声音将被人们永远记住。斯丹纳什一鸣惊人，塑造出汤姆琼斯和比利小子的完美结合体。”

当我们完成这本名为《诚实的男人们》的书后，米歇尔做了一件大大出人意料的事情，这件事是米歇尔的妈妈建议的，我妻子很多年来一直是我书稿的校对员。米歇尔把我写过的还没有出版的，同时又是她很喜欢的故事收集在一起，花无数小时扩充细节，校对。然后就出门去找出版商了，还真让她找到一个，然后这些故事就出现在一本名为《这就是纽约》的书上，封面是我妻子曾经拍摄的一张照片，是我们在纽约的家，也是米歇尔的第一个家。

这本书是米歇尔送给我的礼物，充满了爱。从孩子那里求来的，千盼万盼来的都不是爱。爱应该是自发给予的。为我出版这本书，米歇尔花费了很多的时间和心血。她为芭芭拉和我做了很多事情，这个故事短片集对我来说具有特别的意义。米歇尔告诉我，在她参与过的所有写作项目里，这本书最让她自豪。

我们的三个女儿对他人的需求都很热情敏感。如果别人问我，她们为我生活带来的最大影响是什么，我会说：第一，是爱的礼物，尤其当我特别需要爱的支持的时候。四年前的一件事诠释了什么是爱。那一次，我高烧不退，住在医院里，头上顶着冰袋，以防高热毁坏我的大脑。之后的几个月里，是妻子和女儿们无微不至的照顾使我恢复了健康。

其实，在父母与孩子的关系中，独立和共处是硬币的两个面。如今，米歇尔正在协助我完成第二本书，书名是《奶酪碎》，是关于一个年轻画家在大萧条时期的纽约奋斗史。那个年代，人人起来造反，艺术家甚至反对艺术，至少是反对使用传统的绘画架的。米歇尔还在给她自己写的一部电视剧润色，这个剧本根据我的一个短篇《洞》改编而成。故事的框架讲述了我的一个老同学的真实故事，他靠买卖天然洞穴发了财。他买进类似地洞和山洞之类的洞窟，然后以各种形式卖出去，比如垃圾存储场，或者酒吧。但同时，她也在着手自己的第一部小说——也就是说彻底脱离我的写作，与她合作的是一位毕生研究如何不借助药物或手术消除慢性疼痛的职业治疗师。我很高兴看到米歇尔和那个当年泡在《生活》杂志社外的我一样，对成功充满了坚定的信念。虽然有点儿内向，但是她从不放弃。

2004 年，朱莉和我与芭芭拉一起回到祖先们住的波兰村庄。在村庄的教堂里，我们看到了几百年前斯丹纳什和博达家族的受洗记录，还看到了那条把我祖父母送到普鲁士丹兹格港口的铁路，在那里他们登上了开往得克萨斯的轮船。我不禁泪如雨下。

帕米拉对家族史也很感兴趣，并且开始用录音记录我的故事，从我出生到现在。但是她这样做的目的并不只为了我们的家庭，毕竟在小熊爬上树看到的“大大的世界”里，我们这个由男人和女人组成的家只是其中很小很小的一部分。

小火苗

阿米塔瓦 · 库玛尔

今天是父亲节。

清晨，在厨房里一个兴奋的声音命令我回到卧室去，“回去爸爸，先生，你得回去。”躺在床上装睡的时候，却是妻子给我送来了早茶，杯子把手上系着一朵纸做的小花，上面写着：“爸爸，我爱你”。咯咯的笑声从她妈妈睡袍后面传来，然后是介绍礼物，一条印着国家地图的拳击短裤。那上面的国家可能是她想去的，谁知道呢，没准将来还想和父母一起去呢。

吃早饭的时候，我们一起小小地庆祝了一下。当天我正处于病痛之中，我的膝关节就像灌了铅一样，疼痛一波波将我淹没，身体感觉飘飘荡荡的，仿佛站在沙滩上任海浪冲刷。医生说可能是风湿性关节炎，但是还好，这在我家族中不是遗传病。还有一种可能，医生说，也许是莱姆病*，可能是在公园里和女儿玩儿的时候被小虫子咬的。做过检查之后，医生问了问我的年龄，然后

* 一种慢性疫源性疾病。

记在纸上，还在上面画了个圈儿。昨天一早起来，我就去按照医嘱化验了血液和尿液。

但是我觉得医生有点过度紧张了，我自己很清楚致病的原因。上周，我从芝加哥的图书展览会回到家的时候，已经凌晨一点了。那天过得实在是太忙乱了，导致我把一个行李落在了火车上，等到我能睡觉的时候，又过了两个多小时了。没过多长时间，女儿亲了亲我，我就醒了，我给她做早饭，给她换衣服，妻子过一会儿会开车送她去夏令营。当她们向我挥手道别的时候，我穿着拖鞋一路跟着车小跑，女儿大笑起来。这是我和她之间的典故了，我们总是这么做，她妈妈看了很恼火。但是很快就做得过头了，我高抬腿跳跃，好让自己看起来像一只疯狂的鸵鸟。女儿把小手儿伸出车外，妻子把速度减了下来，但是我要她再开快点儿，我跟着她们的车跑，虽然自己已经很多年没有做剧烈运动了。女儿在车里简直笑弯了腰，车子拐弯开上主路的时候，我还能听见她的尖叫声："爸爸！爸爸！"

当天晚上，我的脚踝骨就开始有问题了，感觉好像积水了，膝盖变得僵硬，我弯下腰从冰箱里拿黄油的时候，疼得要命。第二天我都不想下床了，今天脖子也开始疼。前一天晚上，女儿问："爸爸，我能和你一起睡吗？"然后爬上来睡在我和妻子中间。早上，女儿的卷发贴着我的脖子，我发现自己以奇怪的姿势挂在床边。现在，每天早上睁开双眼，有时甚至还没睁眼，我都能感觉到抽痛，有时候是胳膊，有时候是脑袋，更多时候是脖子。我 46

岁，有时候觉得自己70多岁的父亲早上起床的时候也比我好过一些。

下周各项检查的结果就出来了，得去复诊了，一点儿也不知道医生将会为我做出怎样的诊断，但我知道自己永远不会对他说，这都是因为我对女儿的爱，我爱她的方式对自己有伤害。

当女儿即将降生之际，我给她起了一个简短的名字——伊拉（Ila）。伊拉的妈妈是穆斯林，我是印度人。我们结婚的时候，印度和巴基斯坦正在打仗。伊拉是个印度名字，她妈妈的名字阿丽（Ali）倒过来就是她的名字。

伊拉·阿丽，一个朋友说这个名字可以循环无限说下去，我也发现这是个回文结构。伊拉的名字里有她妈妈的名字，却又和她妈妈的名字不同，我喜欢。

也就是说，伊拉出生之前，就已经成了父母复杂的、幼稚的希望所在。

伊拉现在六岁了，她出生那会儿，我碰巧读到一篇雷蒙德·卡弗尔写的散文《火》。我觉得这是一篇回忆录，回答了关于文学影响的问题。卡弗尔说影响他文学创作的不仅仅是书籍和作家们，更大的影响来自他那忙碌混乱生活里的其他事物，比如说，孩子们。孩子们成长的岁月对于卡弗尔来说仍然记忆犹新。坐在岳父岳母家里，等待成为一名父亲的时候，我读到，卡弗尔回首当年初为人父时，孩子们带来的，被他称作“沉重的、有害的”印象几乎无孔不入，也就是说他的两个孩子给他的影响是最大的。

读这篇名为《火》的散文时，我正在创作自己的第一部小说，我决定要把女儿的出生写进书里。妻子的分娩既漫长又痛苦，小说开头讲述了一个印度小镇监狱里的男人，我试图让他见证一场动物的分娩，比如说，狗。女儿降生的当天，我在日记中写道："整个下午，这条母狗既愤怒又呆滞。"

我坐在妻子病房外的椅子上，头脑中那个监狱里的男人透过窗户看着外面脏兮兮的院子，他看到一条痛苦的母狗绕着香蕉树走来走去，然后蹲下身子啃咬一根骨头。突然之间罪犯的心里被一股柔情充满了，他发现原来那只畜生正在舔自己刚出生的小狗仔。

如今，当回首这段往事，我想是不是卡弗尔的"黑暗现实主义"或多或少刻进了我的思维，以至于我把伊拉的降生描述成监狱里的一场动物生产。无论如何，当这本小说出版的时候，以上描述的场景就在书里，真希望我当初有足够的时间把它描述得更细致一些。所有的作家都会抱怨时间不够，对我们来说时间从来没够用过。接下来的几年中，就像酗酒的人总是回到酒瓶子旁一样，我反复读着卡弗尔的散文，它就像毒药一般，让我既担忧又放不开。

与此同时，我对女儿的爱却是那么深，以至于看到任何甜蜜或温柔的东西都会让我想到她。在大街上看到一个和伊拉一样穿着打扮的小孩子会让我突然心跳，甚至头顶树枝上一只咕咕叫的鸽子也会让我心动。我记得，伊拉出生后，我曾到过印度的一个小镇，在一所房子的前院里，我安排了一次采访，当时有两个仆人正忙着给一头牛接生。天色已晚，他们手里的风灯散发着摇荡的光，人们说上次牛产仔发生在深夜，当时周围没人照顾小牛，拥挤的牲畜栏里，母牛竟然不小心踩死了自己的新生儿。

15 分钟后，小牛犊出生了，细细的四肢站也站不直。看着眼前可爱的小生命，我满脑子都是伊拉。出生的小生命让我情绪高涨，却又让我疯狂地想念女儿。坐在回家的火车上，我的思念依旧浓烈，盼着自己能在她睡觉前赶回家。我渴望给她做睡前洗漱，躺在她旁边讲故事，这给我带来莫大的快乐，拿它来换一个小时的写作我也不干。当此时刻，卡弗尔换成了华莱士 · 斯蒂文森。当玛丽娜 · 摩尔让他交一篇关于美国诗人威廉 · 卡洛斯 · 威廉斯的文学评论时，华莱士回答："家里有个宝宝，我们每晚九点熄灯，所以对不起，我现在交不出任何诗歌或评论。"

多么慈爱啊。虽然不是永久的，但我也是这样的宠爱着女儿。

我所说的"不是永久的"，一方面是指华莱士描述的对女儿甜蜜宠爱有时候会让位给卡弗尔描述的愤怒，另一方面是指我哄女儿睡觉，躺在她身边，九点的时候屋里的灯确实是熄灭的。但是等她睡着了，我会打开灯，然后蹑手蹑脚地上楼去写作。

有时候，我写伊拉，就像现在这样。这是作家的工作，他们描述世界，孩子是他们世界的中心，所以作家们往往以孩子们的故事为轴心。

卡弗尔就是这样，他曾经写过一首给女儿的诗，这首诗同时给了叶慈灵感，他们两个在诗歌中一个希望女儿平凡，一个希望女儿清醒。卡弗尔写道："你是个漂亮的酒鬼，女儿，但你仍是个酒鬼。"这一句可称得上卡弗尔最好的诗句之一。这首诗里，做父亲的在说教，他问她怎么就没从他过去的错误中吸取教训。诗里还细数了女儿的堕落和她在所爱的男人身上受过的伤，字里行间透露着尖利的激烈的情绪，我不知道卡弗尔目睹女儿不幸生活所产生的悲痛，会让他女儿产生怎样的感觉。

我不是在替卡弗尔忿忿不平，不是。我这么说，是因为我是一个为女儿分神的作家群体的一员。记得伊拉两岁的时候，有一次喝奶，她从一个乳头转向另一个，说："这个吃不动。"我记得自己当时的想法是，我什么时候得把这个场景写下来。

伊拉每次放学回来都会把她那个神奇的小世界带给我，她所说的每一件事情我都一点儿一点儿保存下来，就像收集从魔幻世界寄来的明信片。日记里曾经记录过一条，三岁的伊拉指着地图问我："加利福尼亚在哪儿？加利福尼亚住在沙漠里，是不是，爸爸？"对我来说这很珍贵，知道自己一定会把这句话写进小说里。我还在自己的工作日记里发现过很多类似的记录。

工作日记里写道：2007 年 4 月 18 日，还有几个月伊拉就满四周岁了，睡觉前她说："我只知道两件事，一个是睡觉的时候得穿大大的衣服，一个是我们要好好对待彼此。"这不是为写小说记录下来的，这是为我自己的记忆记录下来的。我的日记里有好多记录都是出于这个目的。我如实反映女儿的甜蜜，也帮助自己成为女儿想让我成为的人。我清楚地意识到这一点是在我读过下面这条记录之后。那是一次长达十个小时的旅程，我和伊拉在火车站等着她妈妈来接我们等了好久，我抱怨在寒冷中等了这么长时间，伊拉却对她妈妈说："妈妈你来得很准时，真的，很准时。"

要是女儿认为我就是那个带她去迪斯尼乐园玩儿的人，我还能怎样呢？这件事发生在几年前，妻子不打算和我们一起去，她是个搞经济的，当时好像说过："迪斯尼是一个引导消费的陷阱，你不会真带女儿去吧。"事实上，这趟旅行很成功。坦白地说，我其实是想去佛罗里达州。汤玛斯·弗雷德曼曾经在《纽约时报》上说过，"9·11事件"之后，美国人对外来人怀有敌意，我们的国家向外输出的是恐惧而非希望。弗雷德曼还说："迪斯尼乐园虽然在暗中加强了安保等级，提供给人们的却始终是开放友好的环境和气氛，这一点连迪斯尼都能做到，美国为什么做不到？"弗雷德曼的评论让我给自己的奢侈之旅找到了很好的借口。

但是到了那儿我才发现，除了进园之前检查包包之外，我能观察出来的安保之举也没有什么了。把这趟旅程说成是搞研究就有点儿牵强了。我不能对着米老鼠问："说，隐藏的摄像头在哪儿？"

老实地说，做研究一点儿也不能引起我更多的兴趣。从早到晚，我推着租来的婴儿车，担心这个担心那个，从一个昂贵的玩意儿走到另一个昂贵的玩意儿。睡美人那里可以喝茶，很多人都穿着特别可爱却肯定很热的卡通外衣。我看到了世界上最有耐心的公主们，她们站在要照相的人旁边，保持微笑等着人们调好照相机。我很焦急，因为在大太阳下面，女儿好像被晒伤了，还有些脱水。但是我很庆幸，自己不用想着工作的事，这是我和女儿单纯快乐的出游。

我们并不总能在一起。我经常到外地出差或是采访，但总是留意路过的玩具店。有一次我坐火车去纽约参加一场恐怖主义审讯，即使是赶火车的空隙，我也会中途下车到一个玩具店里给伊拉买个礼物。出庭总是迟到，当我终于坐在椅子上时，证人的证词已经说了一半儿了，我听到钱都用到哪里去了，但是从来赶不上听钱是从哪里来的。

这常常使我很矛盾。我矛盾的不是想不想当爸爸，虽然有一次伊拉玩儿着玩儿着突然抬头问我："你到底想不想要个孩子？"我矛盾的是该怎样履行为父的职责。去年十月，我在北京，寻找20世纪初两位作家的生活痕迹。我去了博物馆、图书馆甚至墓地，但是我的写作需要更多的信息。虽然有那么多工作要做，但令我惊讶的是，有一天早上我发现自己身处北京的红桥市场，给伊拉买一件民族服装，而不是在街边寻找对写作有用的蛛丝马迹。伊拉的指令很明确，她之前看过电影《花木兰》，想要一件跟花木兰一模一样的衣服。之前我去过一个叫灰姑娘的服装店，但是那里卖的都是新娘装。红桥市场没让我失望，那里卖的都是我们认为典型的中国服饰。那里充斥着背着大包小包的美国人，卖衣服的女孩子们一人拽着我的一只胳膊，来表示友好，她们兜售着："很便宜，很便宜。"我要买的东西都列成了单子，其中包括一个中国娃娃和一只风筝，购物单背面还写着"两只小鞋"，你知道的，花木兰穿的可是传统的中国小鞋。我需要细细地找、细细地买，还得费心讨价还价。花 30 元可以买一杯绿茶，好几次我都得坐下来喝喝茶，歇口气儿。休息的时候我就问自己，为什么现在没在北京师范大学采访呢。不可否认的是，我兴高采烈地完成着伊拉分配的任务，这是我在北京最快乐的一天。

2004 年 1 月，西雅图的报纸报道说在卡弗的故乡雅基马将举办一个具有纪念意义的新闻发布会。主讲人是卡弗 45 岁的儿子万斯 · 卡弗。万斯说此次发布会的目的是为了澄清一些对他父亲早年家庭生活的误解，那些年对卡弗成名具有至关重要的影响。万斯告诉记者们，那些年，他父亲作为一个家庭妇男的生活不完全是黑暗的。

万斯提到的一个细节引起了我的兴趣。卡弗写过一篇很著名的故事《车厢》，这个故事是我对卡弗最初的认识。火车上一个名叫迈尔斯的中年男人，要去看他八年未见的儿子。他发现给儿子买的昂贵的怀表被偷了，气氛变得很压抑，男人发现他从来没想过要去看看儿子，哪怕跟他说上一小会儿话。然后事情一件一件地出错，这在卡弗的小说里很常见，最后，男人终于决定不去见他儿子了。

发布会上，万斯说《车厢》的原型是一次他和爸爸一起去巴黎的火车之旅。卡弗把这次快乐的旅行改写成了一个阴沉的关于父子关系的故事。万斯说他很喜欢这个故事，但是他和父亲的关系并不是故事的翻版。故事本身是那么痛苦而尖锐。父母对子女的幻想不仅存在阳光的一面，也有相反的一面。

但这不是我要说的重点，我不知道自己想要相信怎样的卡弗。与孩子们在一起的生活并不像父亲描绘的那样痛苦，还是卡弗把接触到的一些都涂抹上了悲剧色彩。对此，我有自己的想法，一个作家自娱自乐的想法：卡弗善于在孩子面前掩藏他醉醺醺和崩溃的一面，但是当他坐下来拿起笔的时候，他不再隐藏，并尽可能地揭露现实。作为一个作者，最大的梦想就是成功，当卡弗真正成功的时候，也就是在他死于癌症的几年前，他向媒体表示，他已经回到孩子们身边了。

最终，卡弗找到了生活中的平衡点，而我却还没有。可能是我还没觉得那么绝望，作品中也没有流露出丝毫绝望的意思。但是我确实经常想到卡弗。有一次，我们在一个朋友家过夜，我叫醒伊拉，想带着她去厕所小便。但她就是不去，我很担心她会尿床，于是叫了她一次又一次，她赌气抱着胳膊面向墙躺着，于是我失去了耐心，发火了，关上灯，让她以后都自己一个人睡。伊拉开始哭了，过了一会儿我打开灯的时候她已经站在地上，小手向前伸着，闭着眼睛，泪水像断了线的珠子沿着脸颊流下来。我立刻感到愧疚万分。混乱的爱，力量的较量，这就是我经常想到卡弗的原因，虽然他也没有指明对抗女儿甜蜜的方法，但是他的文章透露了对获得孩子们谅解的渴望，他用正确的词汇描述着生活中曾有的错误。这不禁令我想到，英语中存在着一个词语，它用来描述男人对妻子过度的爱，但是却从没有哪个词可以形容父亲对女儿满溢的宠爱。

不顾一切的爱

理查德·弗雷尔

我的女儿，名叫西沃恩，此时，她正坐着朋友的车兜风。19岁的她现在在新泽西州南奥兰治的西顿豪尔大学读书。回家来过暑假，因为基本没付出什么努力，她就完成了大学一年级的课程，她曾告诉她哥哥，下半学期的时候，真的很难把一场接着一场的聚会和上课兼顾起来。

西沃恩系着安全带，她的朋友谢利开车。去年夏天谢利的妈妈给她买了这辆车作为高中毕业礼物。谢利去了缅因州大学，但是第一学期之后就辍学了。谢利不相信安全带。

几分钟之前，凯特嚷嚷着要坐副驾。凯特是西沃恩最好的闺蜜，就坐在西沃恩的正前方。凯特上的是新罕布什尔州康科德的社区大学，刚刚上了一个学期，但是并不怎么喜欢。她的安全带坏了，但是本来她也没想系它。

切尔西坐在驾驶员后面的座位上。西沃恩是最后一个上车的。切尔西刚刚在北卡罗来纳夏洛特的一所学校里完成大学第一年的学习。切尔西挪位置的时候解开了安全带，但是忘记再次系上了。

晚上七点，夕阳的光芒很强烈，几乎刺眼。四个好朋友正在去汉堡王的路上，她们讨论要做什么，夜晚还很长，她们很无聊。西沃恩建议开车去马萨诸塞州看她弟弟。有一个人建议大家去丹尼艾勒家，那天她妈妈刚好不在家。鲍勃·迪伦在收音机里扯着嗓子唱歌。

我回到洛杉矶，在小城镇里，你只能得到一个回忆录的版权。我是个正在戒毒的瘾君子，在另一个故事里我是个不折不扣的恶棍，当然，只是在另一个故事里。我来到洛杉矶，打算把自己的回忆录卖给好莱坞。12 年前，我就开始卖回忆录了。哈利·阿尔弗兰德，就是那个《爱在冰雪纷飞时》、《真情无价》和《美丽痴狂》的导演，喜欢我写的关于救赎的故事，购买了版权。布兰登·弗雷泽扮演我，奥斯卡最佳编剧提名安娜·汉密尔顿·费伦将把我的故事改编成剧本。

但这件事没能实现。布兰登退出了，安娜动都没动那个剧本。

如今，11 年后，我刚刚结束了一个在日落大道高腾集团两个小时的会议。我爱日落大道，望不到头的闪耀光华，大楼上接连不断的电子广告牌，变换着各种美丽和幻想，是不间断的梦。我想在这里定居，每日在夕阳下开着车，沉浸在自己塑造的世界里。

我不是日落大道上的傻瓜。我是个作家。

我的回忆录，《留给我们的》还有两周就要完成了，我给《洛杉矶时代周刊》写的专栏明天就要刊出了。每件事都井井有条，我强迫自己不要过于激动，并提醒自己，在这里事情的表象不代表本质。

结束了五天以来最后一次会议，大家仿佛取得了共识，每个人都说，这本书改编的电影一定会取得轰动。现在是下午四点，罗斯福酒店的服务生认出了我，他曾经看见我和克里斯蒂安·贝尔*在一起，就认为我一定也是个大人物。“嘿，我的朋友，您今天怎么样？”他伸出拳头，我也伸出拳头，我们的拳头在空中碰撞，我52岁了还这样，挺酷的。某天夜晚，在游泳池边，他告诉我他每天都梦想着自己能成为大人物，我想到了西沃恩，然后告诉他：“孩子，你已经是个大人物了。”

刚走出电梯，我听到房间里的电话响了，我没有跑。很多年来，每当电话响起，我都猜测最坏的可能。我得接电话，看看到底是怎么回事。现在，我已经能够坦然地接受事实了。我费劲地用房卡开门，一个穿着比基尼的金发美女打开了我隔壁的房门。

这个城市真让我冲动。

门打开的时候，电话再一次响起。我决定就让它响吧。昨天，洗澡的时候，电话响了十次，每次间隔都特短，我满身泡沫地接起电话，是西沃恩，她向我确认7月4日的安排，她认为让电话一直响着比留言好，因为她要问的事很重要：“周末我能去新泽

---

* 美国著名男影星。

西海滩玩儿吗？”

最后，电话不响了。

我真喜欢这间酒店。像我一样，被往事的幽灵缠绕着；像我一样，外表苍老，但内心崭新。屋里没什么摆设，砖墙上挂着一张玛丽莲·梦露的海报。桌子我也很喜欢，长长的黑桌子空空的，只有台灯和电话。桌子就在大窗户边上，坐在桌边能够瞥见好莱坞山。窗外的景色点亮了我的每一个清晨。

我猜是不是我的新婚妻子梅丽莎打来的，我想念她。跟她聊天我都会觉得很冲动，她比我小 15 岁，长腿，翘臀，是我生命中最美好的事物。我感觉很糟。我让她给自己拍一张写真，她害羞极了。想到这里，我的嘴角展开了微笑。她当时说：“我得先刮刮体毛。”在卧室里，她坐在床边上用手机自拍，尽量摆出正确的角度。

我必须答应绝不把照片发到网上，她才肯把照片发给我。我说没门儿，还开玩笑说要让她一夜成名。照片拍得棒极了，去开会之前，我还对着它自慰。有那么一瞬间，我希望她没觉得我这么做太变态了，因为我很直接地告诉过她，我要用它做什么。

酒店电话上红灯并没有闪烁，西沃恩从不留言，我决定坐下来工作，打开电脑才发现有 28 封未读邮件。梅丽莎的照片出现在电脑下端。

电话再次响起。

“你好。”

“理查?”

“嗨，梅丽莎，刚刚我还想到你来着。”

死寂。等待。她哭了。哦，上帝啊，我是个混蛋。我可以对着任何东西自慰，干嘛非得要让她拍写真。

“梅丽莎，让你拍了那张照片真对不起。”

“理查，我有个坏消息。”

坏消息？什么？我听不清楚她说了什么，她是说“坏消息”吗？会发生什么呢？我该早点儿接电话的。

“梅丽莎，怎么了？”我的声音有些颤抖。

“西沃恩出了车祸，很严重。”

她继续说着，但是只有“西沃恩”和“很严重”进入了我的大脑。我站在那里，窗户开着，电话线轻轻地躺在电脑键盘上。窗外，一对年轻人爬上了屋顶，他们在接吻。梅丽莎的声音模糊了。

眼前一片漆黑，西沃恩的脸把我带回了过去。那天晚上我回家晚了，那时候我和西沃恩的妈妈还没有离婚。前妻黛比很漂亮，是印度裔美国人，高个子，很黑。她有精神问题，却拒绝吃药。西沃恩才 11 岁。那天晚上我们吵得很凶，基本上是黛比吼我，她指控我出轨了，我承认。西沃恩被吵醒了，爬起来替我辩护。黛比把我们俩都踢出了房子，并威胁说五分钟之内不消失就叫警察。

当时是凌晨两点，我们开车去我妈妈家，西沃恩一边哭一边把小脑袋躺在我腿上。她一直问事情会不会好起来，“我想要你和妈妈高兴。”她说。我没办法回答，只是慢慢抚摸着她的头发。

“爸爸。”她抬起头看着我，想要个答案。她宝石绿的眼睛被白如珍珠的皮肤映衬着，在月光里看去是如此美丽。

离婚的时候，我得到了西沃恩的监护权。黛比崩溃了，试图杀了我，在一次周末探视期间还令西沃恩处于危险境地。警察给我打来电话，西沃恩在他们那里，法官从此取消了黛比的探视权。

女儿12岁那年，从浴室走出来告诉我她“大姨妈”来了，我还记得她当时一脸惊恐，流着血，问我该怎么办。“好吧，我，嗯，我觉得，恩……”我一个劲儿地结巴。当然知道是怎么回事，我又不是傻子，只是不知道该怎么跟西沃恩解释，当时的场景有点儿超现实。我爱这个小姑娘，她是我的生命，只是事情来得太突然了，我还不太愿意她成长为女人。

我给社区药店打电话的时候，西沃恩一个人在浴室里哭。有趣的是，整件事解释起来出乎意料的容易。西沃恩给了我一个大大的拥抱，笑着拿了卫生巾进了浴室。“爸，”她说，“我知道这玩意儿怎么用。”

窗户外屋顶上那对年轻夫妇让我一时分了会儿神，他们热情地拥吻，抚摸。但是他们的亲密无间没有让我停止回忆。西沃恩追着白色硬塑料曲棍球在场上飞快地跑，她的娇小身材和正前方的后卫简直没法比。

这是西沃恩第一场高中公开曲棍球赛，她动作行云流水，她把木头球棍高高举起，然后用力击球，球飞了出去，刚刚好越过了对方的防守。二人的碰撞很惨烈，西沃恩的对手被撞得向后倒去，摔在冰冷的场地上。队友得到了球，轻易地将球击进了球门。

奔到比赛场上，教练正在对西沃恩问话，我挤过围在她身边的队友，来到西沃恩身边。她鼻子流血了，眼泪奇怪地向后流进了耳朵。“爸爸！”她喊了出来。世界仿佛消失了，我把她紧紧抱进怀里，什么话也说不出来，那时候她的眼神跟刚出生时我见到的一模一样。“我没事，爸爸。”西沃恩哭着说。

“她们都没事吧。”我冲着电话大喊。

“我不知道。”梅丽莎说。

“什么叫你不知道？”

“理查，急救中心的人只说：‘您女儿和我们在一起，她出了车祸，我们现在送她到新罕布什尔医疗中心去。’他们要我马上赶过去。”

“但是，她还好吗？”

女孩儿们都没来得及尖叫。一眨眼，车头就被一辆皮卡*撞得爆炸了，整个车身翻第一个360度的时候，几秒钟前还满是音乐的车厢如今被玻璃、鲜血、屎尿和剧痛充斥着。

车子当时在阿莫里公路上向南行驶，一个年轻男人爬进他的皮卡在同一条路上向北行驶。在一个十字路口，指示灯变黄了，谢利觉得她可以冲过去，于是猛地踩下了油门。那个年轻男人赶着回家，他觉得他也能冲过去，但方向是在路口向左拐。

---

* 在美国很常用的一种小型货车。

车头像手风琴那样卷了起来，谢利的脚踝当时就碎了，挡泥板插进了凯特腿里，她的头撞在了车内的天花板上。音乐已经停止。车子撞上了30码外的另一辆车，才停止了翻滚。

什么声音也没有，四周除了恐惧还是恐惧。切尔西的身体随着车子一起翻了一圈儿又一圈儿，最后压在了西沃恩身上。车内是一片疯狂的混乱。西沃恩被卡住了，切尔西的脸就躺在她的头上，呕吐和屎尿的气味令西沃恩一阵干呕。西沃恩动了动身体，切尔西眼神空洞，血从她头上流下，滴在西沃恩的脸上，咯咯声伴着新鲜的呕吐物从切尔西嘴里流出。

切尔西死了？

午夜，西沃恩打来电话，他知道我肯定还在写作。“爸，问个问题。”她说。我马上从埋首几个小时的工作中抽离，每当西沃恩这样开始一段对话，要么是已经出了什么乱子，要么是她不经考虑准备去出什么乱子。

“爸爸，我不确定我很想当个护士，我能换个专业吗？”

“你想换什么专业？”

“我不知道，不知道，但是很难。”

“很难是指遇到困难了，还是指不想学习。”

“爸，我得挂了，朋友要我陪她去个聚会，你能给我的卡里打点儿钱吗？”

我坐下来，放下电话听筒，梅丽莎已经挂断了，窗外的那一对儿也已经不见了，他们一定是回房间解决去了。我计算着自己和医疗中心之间的距离。我感觉很无助，仿佛自己被卡在了那辆车里，好友在身边死去，我却无法出去呼救。

梅丽莎的照片还在电脑屏幕下方的菜单栏里，我看不见，但是脑子里有个清晰的画面。我爱梅丽莎，在过去五年中她给了西沃恩母爱。亲生母亲黛比后来又找到了很多种方法自残，西沃恩很多年没见过她了。我考虑要不要打开梅丽莎的图片，性能够缓解压力。但是西沃恩的爱向我涌来，我一点儿情绪也无。我还能再见到西沃恩吗？基督啊！日落大道看起来再也不一样了。

手机响了。

“嘿，爸爸。”

是西沃恩。我努力忍着眼泪。她还活着。她的声音听起来好像她看到了我在波斯尼亚当战地记者时看到的场面。她说车里的每个人都活下来了，切尔西当场就苏醒了。没人知道那个年轻男人怎么样了，当时他躺在那里一动也不动。

“爸爸，”她哭着说，“我希望一切都好。”

我想告诉她会没事的，但那是撒谎。目前有一件事是肯定的，我不能告诉她真相。我不能告诉她世间本没有“一切都好”这回事，这就是生活，有时好有时坏。我们能做的就是顺其自然，一天一天的慢慢来。

但活着比死亡好了太多太多。

猫咪小队

尼克 · 泰勒

我记得最著名的一句废话是“作家随时在工作”。比如，一个作家去欧洲度假，他不是简单地在波尔多或卡芒贝尔*寻欢作乐，而是在搜集写作素材。一个作家凌晨四点躺在床上，由于晚餐之后多喝了两杯浓咖啡而失眠，他也不是简单的失眠，而是在静思故事架构。

也许吧。你还能说别的什么职业也是这样吗？医生，他们真正从来没有不工作的时候。谁都想从医生那儿得到点儿免费的诊断，哪怕只是轻轻地咳嗽了一下。作家要好得多，大街上不会有人跑上前来向你要一段免费的故事。

除了住在我们家里的那个小人儿。

早上七点，我坐在早餐桌前，对面是我五岁的孩子。还穿着睡衣，一天的工作基本就要开始了，只等维奥莉特吃完她的土司

* 法国地名，前者盛产葡萄酒，后者盛产干酪。

面包。她把面包举在面前，用嘴啃面包片中间的部分，绕开面包皮，然后用手背抹掉脸上的蓝莓酱。

“爹地？”她说，“你能给我讲一个猫咪小队的故事吗？”

我努力喝着咖啡，不想讲故事。如果你责备我拒绝一个大眼睛小可爱如此纯真的要求，那就想一想如果你的孩子要你还没吃早饭就工作，你会不会拒绝。

市长的女儿喜欢竞选班长，银行行长的女儿喜欢搜集找回来的零钱，作家的女儿也喜欢模仿父母。她们要求参与父母的行为。这对市场或银行家来说倒没什么，但却让讲故事变得难上加难。

实际上是维奥莉特发明了“猫咪小队”——晨起故事里的人物。几年前的某个夜晚，我给她讲一本图画书，上面有一只猫在女孩儿卧室的衣柜里生了一群小猫。维奥莉特问为什么我们家十岁的老母猫从来没生过小猫。我对她解释，米娜做过绝育手术，所以生不了小猫。在维奥莉特看来这对米娜很不公平，所以作为慈善之举，她给米娜想象了四个小猫崽。好像猫妈妈细细地舔弄刚生下来的小猫崽一样，维奥莉特给我细细地描述了每只小猫的样子和性格：雪球儿、奶油、夜夜和黄昏，四只长相完全不同的小猫，四只个性鲜明的小猫。前前后后她整整用了五分钟来描述，中间没有停顿。四只小猫就这样诞生了，丰满得像希腊的女神。

所有的“猫咪小队”故事都建立在一个相同的结构上。清晨，猫咪房子里的电话响了，米娜拿起了听筒。是某个地方的老板打来的，比如说超市老板、洗车店老板、消防中心主任什么的，老板很着急，因为他的员工都病了。米娜能帮个忙吗？当然。她让她的孩子们去帮忙。他们启动了猫咪卡车，然后驶向了工作地点。一整天的工作终于结束了，期间，聪明的各具特长的小猫们解决了一大堆麻烦。你不知道吧，一大袋胡萝卜一瞬间就可以被猫咪的爪子切碎。猫咪小队被请到了市长办公室，市长给他们每个人发了一枚勋章。

童书出版专家们会发现这个结尾是从玛格丽特的《好奇的乔治》那里借来的，记住，一个好的艺术家很会借用，一个伟大的艺术家则很会偷。在五岁这个年纪，更是想用谁的故事就用谁的故事。

我放下咖啡杯。“这时候，电话铃响起，”我开始讲故事，“米娜拿起了听筒。”

“不！”维奥莉特打断了我，“米娜在洗澡，是汤姆接的电话。”

我忘了介绍汤姆了，他是猫咪小队的爸爸，他是一只虎斑猫，一个战士，只有一只眼睛，住在地下道里。

“好吧，是汤姆接的电话。电话那边说：‘帮忙啊，我是歌剧院老板，我所有的检票员都生病了！’”汤姆说：“没问题，我派猫咪小队去帮忙。”

“但是猫咪卡车打不着火。”

“没错，车打不着火，所以汤姆叫来一辆拖车。”

"但是拖车司机病了。"

我向对面看去，维奥莉特的眼睛由于创作而闪闪发光。

"拖车司机病了……"

"不，不，不，实际上猫咪卡车又能打着火了，汤姆用错了钥匙。"

几年前，我在杂志上读到过一篇文章，是关于隐居作家托马斯·品钦*的，托马斯在北加利福尼亚州创作《葡萄酒园》期间，每天都会为写作做热身运动，用笔名给当地报纸写评论。我读过那些评论，也读过《葡萄酒园》，我更喜欢前者。

我怕自己也面临这样的局面。我是写历史小说的，但是也许我应该出版《猫咪小队》。上午11点，我的头脑状态很好，在女儿的催促下，故事编得如行云流水，一小时后，我会冲个澡，然后坐在桌旁写作赚钱。当我终于一个人的时候，创作冲动却已经过去了。

维奥莉特从门后的架子上取下自行车头盔，我穿上外套和跑步鞋。小学就在两个街区之外，我和女儿从来都是走着上学，几个月前维奥莉特学会骑自行车，我就在她车旁慢跑，一边喘气一边把故事讲完。

"然后猫咪小队穿上制服，经理给他们每个人都分配了任务，雪球儿负责放映机，因为她年龄最大，所以负责比较危险的工作。"

---

* Thomas Pynchon，美国著名小说家。

维奥莉特点头表示同意，自行车的头盔戴在她小小的头颅上像个宽大的墨西哥草帽，无论我怎么扣紧带子，头盔还是显得不够紧，她棕色的大大的闪着亮光的眼睛催促我往下讲。

“奶油负责卖爆米花。”我说。

“我讨厌爆米花。”

“你不用吃爆米花，她还卖苏打水和糖果。”

“你是说给猫咪吃的肉糖吗？”

“没错儿。夜夜和黄昏负责剪票。”

我们停在学校院子前。维奥莉特从她那辆系着彩带的花自行车上下来，踢上脚蹬子。我给她解下头盔，她把头发塞在耳朵后面。

“你想听故事的结尾吗？”我问。

她在我前面，走进围栏。有几个孩子已经脱了外套，在单杠上吊来吊去。

“过会儿吧，爸爸，我保证听完，或者你可以明天把故事讲完。”

我彻底崩溃了。作家很少和听众面对面交流，理由很简单：被突然强迫闭上嘴太痛苦，太痛苦。

“你确定？我很快就讲完了。”

她把头扭过来冲着阳光，噘起了嘴。好，我明白了。

我给朋友们介绍猫咪小队的故事，他们在该笑的地方笑，而且还夸赞维奥莉特的想象力，但是对话往往以我讨厌的方式结束，他们会说："唉，维奥莉特好可怜，作为家里唯一的孩子她一定很寂寞，所以才想象出这些朋友，真可怜。"

我妻子也很可怜，但原因却不同。研究生院给她打电话了，我们得推迟要第二个孩子的计划，而且她的输卵管出了问题，我们可能再也要不了第二个孩子了。更可悲的是，因为我的时间比较自由，所以抚养维奥莉特的任务就主要放在了我身上，妻子这辈子可能都没有如此的机会了。我同意这很可悲，如果可以重来，我宁愿暂时放下写作事业，去设计计算机软件，这样直到维奥莉特长大，我妻子就会对自己的角色很满意了。很多人告诉我，作为一个男人这样的机会很难得。但是很少有人把这句话反过来说，很少有女人失去这样的机会。这很可悲。

猫咪小队呢？猫咪小队不可悲。正相反，猫咪小队是个成功。在我们家，猫咪小队和他们派生出来的无数故事并不意味着缺失，它代表着多彩且独特的陪伴。我和妻子喜欢无形资产胜过有形资产。比如很多人在婚礼之前都会大采购来装点自己的新家，我和妻子却忙着在卧室里创作和录制我们自己的音乐专辑，并在婚礼上分发。九年后，我们还在租房子住。维尔丽特总结出，和东西比起来，爸爸妈妈更喜欢主意。孩子们大都给爸爸买条领带作为生日礼物，今年，维奥莉特给我写了个故事，没有什么比这更让我高兴的了。

对妻子和我来说，孩子能否继承我们的价值观比生多少孩子更重要。独子的父母经常讨论生第二个孩子的压力，育婴课上的其他父母已经有两个甚至三个孩子了。对我们来说，更大的压力是没能给维尔丽特生个同胞兄妹的负罪感。她是个超级有爱心的小姑娘，而且跟我们说过很多次了，她特别想要个小弟弟或小妹妹。我们点头答应，告诉她从没想让她成为独子。她知道我们有多么努力地尝试怀孕，感谢妻子开放式的教育，她甚至知道孩子是怎么怀上的。我相信，现在她已经接受了不能有弟弟妹妹的事实了。与此同时，我们全力赋予她我们的价值观所带来的全部益处，当然，还有我们全心全意的爱。

维奥莉特出生之前，岳父曾向我描述他第一个孩子出生时的情景：你的家里有两个人，你和妻子，然后突然有一天，你的家庭成长了，多了一个人，你抽芽了。

当维奥莉特创作猫咪小队的时候，我记起了这幅画面，植物抽芽。我们不是克隆，但是苹果就落在果树不远处。当然，我和妻子很担心我们曲解她了，也许她并不像我们认为的那么像我们，或者还没开始像我们。比如，几个月之前，我们让她看了一部分《灰色花园》（又叫《珍爱》），一部关于1975年两个老妇人的纪录片，她们是一对母女，在汉普顿一所肮脏的房子里艰难度日。其中有一个画面是女儿给她母亲端上来一盘猫食，看到这儿，妻子说："我和你将来就是这样，亲爱的。"维奥莉特惊恐地从电视边走开，"哦不，妈妈！"她大喊："我不要吃猫食。"眼泪开始在她眼睛里汇聚，"我不要一辈子都和你住在一起。"然后她转过头来看着我，表情好像在说，爸爸，告诉我，妈妈在开玩笑。我绷着脸。妻子终于受不了了，扑哧笑出声来，告诉她这是玩笑。阴云散开，她们笑着一起吃冰激凌，还给阁楼里的浣熊喂食吃。

我这么拿她开玩笑，我是个坏爸爸吗？弗兰纳里·奥康纳曾经说过一句名言：挨过了童年，后半生就没什么好怕的了。我认为奥康纳这么说肯定也算上了兄弟姐妹的原因。我姐姐就总是欺负我，但是维奥莉特不会有这样的经历。当我们用《灰色花园》和她开玩笑的时候，我们其实在补偿兄弟姐妹的缺失。我妻子会说，真是废话，我们在帮助她坚强，恶作剧对心灵有好处。我希望她是对的，因为我们没有第二次机会。

事实上，维奥莉特不会像我们之中的任何人。我岳父抽芽的比喻有个问题——抽芽是无性繁殖，即小芽和母芽是百分之百的基因拷贝。人类是双性繁殖，孩子是父母基因的混合再造。维奥莉特可能像我，可能像她，可能像我们俩，也可能谁也不像。

作为父亲，我害怕这种不确定性（她会像我妻子那个在精神病软垫病房里去世的姑妈吗），作为一个作家，我却又为此感恩。没有对未知的发掘，教育会变得多么沉闷。怀着对弗兰纳里·奥康纳最崇高的敬意，我会继续努力为维奥莉特的童年加料。

眨眼之间

罗伯特 · 都格尼

听到浴室里传来淋浴的声音，我过去转了转把手，发现门锁住了。三英寸厚的木板门从来没像那天早晨那般隔绝、不可逾越。我站在门外，感觉着刺痛的失落。

凯瑟琳总是在我们住的主卧洗澡，其实她卧室的门外就有一个浴室，但是不知道什么原因，那里的瓷砖、浴缸和花洒就是和爸爸妈妈们的不一样。

我妻子走进屋来，又急又赶，每天早晨都这样，忙着叫醒孩子们，忙着给他们准备上学。大多数专家都把婚姻的破裂归罪于经济、忠诚和宗教差异，但是我坚决认为每天早上的混乱是导致婚姻解体的重要原因之一。那天早晨压力尤其大，因为当天正好是奇怪的教师执勤日，孩子们放学比平时早，我和妻子争论谁接他们下学，儿子还吵吵着下午要和朋友去看电影。

“你干什么呢？”

“门锁了。”

她走过来，转了转门把手，好像我连门是否真的上锁了也会搞错。

“凯瑟琳？”她把嘴贴着门喊道：“凯瑟琳！”

有时候，我喜欢坐下来听女儿说话，她嫩嫩的小声音像石头上流过的水泡，给我带来极大的欢愉。但现在不是这样。

“干嘛！”

“你把门锁上了。”妻子大喊着明摆着的事实。

“什么？”

“打开门！爸爸上班要迟到了，他得马上洗漱。你得出来吃早饭。”

我听见开锁的声音，妻子一下子把门拉开，水蒸气冒了出来。“你的作业都写完了吗？”

我没有马上走进浴室，不相信八岁的女儿是不小心锁上了门。

“该你了。”妻子走出浴室给我让出空间。我们的房子是20世纪60年代建造的，不知道为什么设计师认为把浴室建得跟张邮票那么大能够满足居住者的需要。主卧浴室这个词其实很有迷惑性，跟实际一点儿也不符。

“进去吧。”她说，听起来就像加拿大的海关入境员那么不耐烦。

我进了浴室，转向洗脸池，对着镜子开始刮胡子，女儿躲在浴帘后边。

“宝贝。”我叫道。

“嗯？”她嫩嫩地说。

“你为什么要锁门？”

“我不知道。”这更加肯定了我的怀疑，锁门不是个意外。

淋浴的声音停止了，刮胡刀的嗡嗡声充斥着房间，像一只飞来飞去的昆虫。从镜子里我看到一只小胳膊从浴帘后面伸出来，从栏杆上拽下一条蓝色浴巾。

从外表上看，女儿和我今天早上亲自叫醒的那个小女孩儿没什么两样，但我知道她已经不一样了。她用浴巾紧紧地裹住身体，只露出两头，上边从头顶到肩膀，下面从小腿到脚丫。

“你得快点儿了，”我说，“妈妈很着急，校服在吗？”

“没。”我看了看地上扔的衣服，不是睡衣，是一条运动裤和一件旅行时穿的T恤衫。

“又穿着外衣睡觉？”

她皱起了眉头，睁大了眼睛，嘴巴扁扁地说：“也许吧。”

“凯瑟琳。”我说。她突然小小地笑了一下，那是属于她的独特的笑声。

我常对人说，儿子——乔，是我的理性，常常提醒我在他面前要做个好榜样。与此相反，女儿——凯瑟琳，是我的天使。妻子最后一下用力把她生下来的那一刹那，她就融化了我的心。

乔是凌晨降生的，那一晚的分娩极其痛苦和漫长。把儿子放在妈妈的肚子上，医生看着我，好像我是个站在台上却忘了台词的演员。他轻抚了一下乔的小弟弟。

“是个男孩儿！”我冲口而出，虽然反应慢了点儿，但总比没反应好。

但是，当然对于凯瑟琳来说，没有上述的场面。除了没有外生殖器，她来到这个世界的时间很合理，过程也很平和。他哥哥出生时有金色的头发，皮肤皱皱的。她却是黑头发，橄榄油般的肤色。她的脸皱成一团，好像对整个生产过程愤怒不已，看起来就像我那个 95 岁高龄的意大利姑姑，诺尼。

用手掌托着她，我必须得坐下来，因为有点儿头晕。这不是别人的小姑娘，这是我的女儿。有句谚语是这么说的：生个儿子，你只担心一根阳具，生个女儿，你得担心一百根。当天晚上，我深刻意识到了这句玩笑话背后的真理，于是心中立刻充满了乔出生时所没有的恐惧。

放下刮胡刀，“我去给你拿衣服，”我说，然后向她房间走去。

妻子拦住我，查问事情进展：“她出来了吗？”

“我去给她拿衣服。”

“我跟她说过要拿衣服的。”

我耸了耸肩。

重新走进浴室，我手里拿着她的校服，蓝绿格子裙，白衬衫，蓝色海军毛背心，正面有学校的名字。妻子想从凯瑟林身上拿下浴巾，很显然要给她擦头发，但是凯瑟琳紧紧地抓着浴巾。

“凯瑟琳，放手。”

我从架子上给妻子又拿了一条浴巾，“给，用这条吧。”

她接过去，大力地给凯瑟琳擦头发，然后停下来看着我，“你要洗澡吗？”

“你去外面穿衣服吧。”我对凯瑟琳说，她走出了浴室，始终紧紧地抓着浴巾。

“还记得今晚得参加学校的父女亲子舞会吗？”

当然忘记了，但是我谨记在男人之间盛传的金科玉律，千万别问细节，也千万别承认你已经忘了，因为妻子已经提醒过三遍了，还在日历上做了标记。

“当然记得。”我回答。

我关上门，打开淋浴，但是并没有马上走进去，反而想起挂在墙上的一张黑白照片。照片上的我站在淋浴下，肩膀上扛着我的小姑娘，她那时候还没有足球大，她的黑发翘着，眼睛睁得大大的，盯着照相机的镜头。多少年过去了，凯瑟琳还跟我或她妈妈一起洗澡，有时候我们三个人一起洗。我会给她洗头发，给她擦洗发水，把她头发弄成莫霍克族*或《圣诞怪杰》**里某个怪人的样子。凯瑟琳会打开浴帘，照着镜子咯咯笑。

我知道自我意识的觉醒迟早会代替儿童的无知，我知道当那一天到来，就再也不能一起洗澡了。事实上，凯瑟琳八岁之前，共

---

* 莫霍克族（The Mohawk）原住纽约州的印第安人。

** 童话故事人物。

浴就已经停止了，是我做的决定。凯瑟琳直到今天早上之前还没显示出一点儿羞怯之态。我知道这是不可避免的，儿子和他妈妈已经经历过了。这是自然的规律在告诉孩子们该怎么做，要尊重自己的身体，这样别人才能同样尊重他们的身体。我也知道迟早有一天我最好把这方面的话题留给凯瑟琳和她妈妈谈，朋友们也提醒过孩子们会有一段异性排斥期。罗伯特，我的好朋友，曾以这种方式解释："当你女儿 13 岁的时候，外星人就把她们的脑子换了，在接下来的六年里，你就成了这个世界上最讨厌的人。然后外星人又把她们的脑子换回来，于是你们就又和好了。"我觉得，爱因斯坦好像也说过类似的话。

尽管如此，那天淋浴中的我还是被巨大的失落感淹没了。我低着头，任水滴砸在脖子上，同时带走泪水。

当天下午，我五点下班回家，为了赶稿子，尽量挤出所有的时间。

"你跟妈妈谈过了吗？"刚一进门，儿子就问道。

"没，什么事来着？"

"我看电影的时候看到凯瑟琳班上的同学了，她们在开聚会。"

"什么？"

他告诉我过生日的小姑娘是谁，我们跟他们家关系还挺好。

"凯瑟琳没被邀请吗？"

乔摇了摇头。"而且她爸爸看见我的时候，赶紧把头转开了。"

“有多少孩子参加了？”

“好多，爸爸。”他说，而且我看得出乔也很担心。

他们兄妹俩总是打架，像别家孩子一样。很傻，真的，他们俩年龄上差了三岁，而且乔长得很高大，凯瑟琳却像个小豆芽。但是我也见到过温馨的场面，说明他们深爱彼此，有人要伤害凯瑟琳时，乔真的很能保护她。没道理啊，他不让别人欺负她，自己却欺负她，但是兄妹之间哪有那么多道理可讲？

妻子在后院戴着耳机修剪草坪。我打手势让她看见，她关掉割草机，摘下耳机。

“乔告诉我生日聚会的事了。”

对这件事，妻子比我镇静多了：“我觉得人家小姑娘可能只能邀请几个女孩儿。”

“乔说整个班级的女孩儿都被邀请了。”

妻子结巴了一小下：“不是整个班的……我也不确定。”

“她们不是朋友吗？”

“我觉得是。”

“凯瑟琳知道吗？”

“有人在学校跟她提到过。”

“她在哪儿？”

“在她房间里，为舞会做准备。”

想到我的小姑娘被朋友们隔离了，我的心都碎了。不知道凯瑟琳是不是很伤心，她并没有表现出来。我在房间里找到了她，她的墙壁涂成了粉色，上面画着彩色的蝴蝶，还有小马的图片，她参加学校演出的照片和很多印有小马图案的丝带。我没办法告诉你小方毯是什么颜色的，因为我们已经好多年没见过那块毯子了，它埋在一堆衣服、书和玩具下面。我觉得她的衣服都有魔法，无论我和她妈妈怎么收拾，那些衣服总会回到房间中央的地上，凯瑟琳也表示不知道是怎么搞的。

凯瑟琳站在床上，扭着屁股前前后后地照镜子，她身上穿着粉色的百褶连衣裙，白色的毛衣，只系了第一颗扣子，她妈妈给她梳了个马尾辫。她看起来像《火爆浪子》* 里小号的奥莉维亚。

“哇，”我边说边走进房间，“真漂亮！”

她笑着跳下床，她的舞蹈鞋在一堆衣服里闪闪发光。

她给了我一个大大的拥抱，兴奋地咯咯笑着说：“嗨，爸爸！”

“你准备好了吗？”

“好了！”

“我得赶紧换衣服了。”

这个舞会是学校举办的一场慈善义卖会，因为酒精和负罪感，你会签下一张支票买个什么，第二天早上准会后悔。有一次，我花了2,000美元，就为了去西班牙的潘帕罗那放牛。而我是个连骑马都不敢的人，后来这趟旅行取消了，我还付了税。

跑题了。

---

* 美国音乐电影。

我打算穿牛仔裤和衬衫出席，大多数爸爸们都会这么穿。但是想到女儿，她刚刚被拒绝参加朋友的生日聚会，而且她那么精心打扮了自己，那么盼着和爸爸一起参加舞会。

我在衣橱里翻找，找到一条卡其裤和一条黑腰带，穿上一件T恤衫，脚上是黑色帆布鞋。浴室里，我倒了半瓶发胶在手心里，尽量把头发弄得帅气，还在额头中间弄了一个猫王的刘海。我用唇膏在手臂上画了一个心形的纹身，在上面写上凯瑟琳的名字。当我出现的时候，凯瑟琳说我看起来好怪，但是脸上露出了一个大大的笑。

我们一起走进学校的体育馆，便立刻知道这将是我回忆一生的时刻。这样的时刻有几次，比如我和凯瑟琳在凤凰城路灯闪烁的街道上散步，她穿着蓝色的小连衣裙跳来跳去；比如在芝加哥福特艺术中心，当电影《女巫前传》上演的时候，她那闪闪发光的小脸儿。

体育馆装饰着彩灯，像20世纪50年代的晚宴现场，还有DJ*。在入口处，凯瑟琳一点儿也没停留，径直向舞池中心走去，还向我伸出手，叫我也跟过去。舞池里一个人也没有，没关系，其他人都看着我们，没关系。她想跳舞，那天晚上，她的眼睛只看着爸爸，虽然我知道这种情形不会持续多久了。我们跟着音乐扭着叫着，跟着摇滚乐的节奏。当音乐慢下来的时候，她踩在我的

---

* 音效师。

鞋上，我们慢慢摇晃着跳《弗兰克别墅》和《四季》。

后来我们终于停下来歇一歇我那涨痛的双脚，坐在一张桌子边上，一起喝沙士汽水，吃椒盐脆饼。她盯着舞池，我则盯着她。我想对她说，宝贝，别急着长大，生命只在眨眼之间，童年却只有一次。我想对她说，当童年结束的时候，你将不再纯真地相信圣诞老人和复活节兔子的存在，你再也不能在大街上疯跑，再也不能突然唱歌。我想对她说，一年一年，残酷的现实从童年偷走纯真幻想，剩下硬邦邦的真实生活。我想对她说，朋友会被判，让她失望。那些设计陷害她的女孩儿，只是因为她聪明漂亮才这样做。我想对她说，男孩子会对她说粗话，还会伤害她的心。我想对她说，将有一天，她会担心这个，担心那个，比如工作、贷款和车款。

我真想紧紧地抱着她，就像我曾经在淋浴里那样抱着她，为她遮蔽成长中的一切痛苦。

这时候，她身体侧向一边，把头枕在我的胳膊上，用手又戳又捏我的二头肌。

“我爱你，爸爸。”她说。

我笑了。当我们需要智慧的时候，智慧总有办法找到我们。我笑了，因为那一刻我突然明白，我告诉她什么并不要紧，她想听什么、我们想听什么才最重要。

“我也爱你，天使。”我回答。

杂货店里的“强盗”

麦克·阿达米克

母亲站在一架子落满灰尘的衣服前，她的手指在一件件二手的花呢套装、绣花女士衬衫、有汗渍的衬衣上梳过，我在她身边不耐烦地踢着墙砖，嚷嚷着要回家。这间杂货店闻起来像个阁楼，每次她翻弄衣架，我都会喷嚏连连。

“这件不错，”母亲拿起一件花哨的衬衫，“你觉得呢？”

我耸了耸肩，“我们走吧。”

她又去看一双穿旧的鞋子，拿起来，用眼神问我同样的问题，对她的品位，我皱了皱眉头。我看着窗外，搜索着有没有朋友经过，随时准备着藏在衣架后面。

“你也找一找吧，”她对我说，“你不知道自己会碰上什么样的宝贝。”

这倒是事实。虽然我不愿意承认，但在母亲最喜欢逛的杂货店里，我经常会怦然心动。有时候，我发现在充满灰尘的巴掌大的小店里还真能淘到好东西。这里是圣文森特·德·保罗社团的老年志愿者们在经营，我同时发现救赎军团[*]志愿者开的慈善店[**]可以淘到好家具，谷德维尔教派开的店则更能淘到好衣服和包包。当同龄人刚刚知道当地商场里这一季热卖条纹和斜格尼的时候，我已经能够区别芬迪手包的真假了，杂货店的精明掌柜教的。我和母亲经常探讨被遗弃在角落里的贵重艺术品，我学着走进那些画作，细分油画布上实实在在的笔触是油还是丙烯酸。我把鼻子贴在画上，细细地琢磨刷子和调色刀如何将油料薄薄地涂抹在画布上，勾勒出一道精致的彩虹，然后慢慢退后几步，品味颜色向四周的扩散、成型。所有的颜色和形状混合在一起形成整体，一幅璀璨的珍宝展现在眼前。

有一天，我发现了一双没穿过的溜冰鞋，装在盒子里，轮子上一点儿划痕也没有，奶白色的皮革质地很好，我拿起鞋，望望周围，看看别人是不是也注意到了。这双鞋这么完美，闪闪发亮，躺在这里一定是个误会，我想，谁会扔掉新的溜冰鞋呢？

找到母亲在哪里，然后举起了鞋子，我几乎是在守卫它们了。虽然这是一双女孩子穿的溜冰鞋，但是崭新的，只要三美元。就为了这样的收获，被同学耻笑，大打出手也值得了。妈妈在房间的那一端，我看见她对我微笑，还眨了眨眼睛，竖起一只大拇指表示赞赏。然后她招招手叫我过去，“看看这个，”她悄悄地说，给

---

* 基督教教派，以街头布道、慈善活动和社会服务著称。

** 人们给商店捐赠自家不用了的物品，商店出售以筹善款。

我看一个包包里面的标签——“Gucci*”。

我们俩什么也没说。我们看看周围，彼此交换了一个满意的微笑，然后急匆匆地向柜台走去，好像有谁在后面追一般，好像有谁发现我们俩都淘到好东西要跟我们抢夺一般。走出店外，我们大声笑了起来，两件杂货店淘来的宝贝点亮了整条回家的路。

“看到了吧？”她说：“这就是宝贝。”

多年之后，作为一个家庭妇男，我经常想到和母亲一起在城市里闲逛的时光，我们在古老的小店和杂货店里驻足，两个人埋首于各类日常琐碎用品，寻找着令人兴奋的宝贝，在突如其来的魔法面前，我们展颜欢笑。

我和妻子在旧金山买下了第一个家，那所房子最大的卖点就是几个街区之外有一个救赎军团。地产经销商介绍着房子的设施，中央供暖，两个车位，实木地板，我的思维却飘向那些被丢弃的衣服、图书、便宜的葡萄酒和小玩意儿。与此同时，我在这里开始抚养自己的女儿，艾米林。我和妻子开始学习缝纫。我们迅速地发现杂货店是个布料的好来源，我从那里买来超大号的女式衬衫和20世纪70年代的运动衫，回家把它们裁剪开来重新缝纫，变成女儿的小衣服。艾米**和我经常光顾救赎军团杂货店，她已经把那里当成玩具店和服装店了，因为我在那里给她买了费雪牌的玩具农场和机场，还从那里买布料做衣服。

---

* 世界知名品牌。

** 艾米，艾米林的昵称。

我们在杂货店里消磨了一个又一个无聊的日子，回家的时候手里总是拿得满满当当的。有一次，我们回到家的时候都已经筋疲力尽了，刚从游乐场回来，我浑身是汗，手里还拎着买来的东西——自己的一条牛仔裤，艾米的一件T恤，还有一包书。平常我都是抱着艾米的，今天我把她放在地上，让她自己走。别人还以为我要把她送去参加巴尔干半岛的死亡行军呢，她的哭声几个街区外都能听得见。突然之间，哭声停止了，我转过身，看见她蹲在灰色的黏满口香糖印记的路边，一棵小树的影子落在她的一条腿上。

“看，爹地，”艾米说，指着地面：“这是什么？”

我走过去，蹲下来看着地面，是一只羽毛还没长全的小鸟。它的腹部是紫色的，被太阳晒得向外鼓出，里面满是死亡的沼气。它的眼睛，或许还没来得及睁开过就已经永远地闭上了，那苍白的淡粉色的鸟喙微微张开着，仿佛正在吐露最后的遗愿。

“这是什么呀，爹地？”

我说这是一只小鸟，并且希望她别再问了。你怎么跟幼龄儿童解释死亡呢。她准备好了吗？我准备好了吗？

“它睡着了吗？”艾米问。

我委婉地绕着圈子。

“我觉得它从树上掉下来了。”我对她说，还指了指头上的树。

艾米思考了一阵子，向地上那个脆弱的小生命挪近了一些。

“哦，”她最后说，“我觉得妈妈会来找它的。”

“你这么认为？”

“嗯，”她说：“妈妈总会来的。”

我握着她的手说，我们最好得走了。

“咱们个子太大了，会吓到妈妈的，它就不敢来了。”我说，试图往前走。手上的袋子很重，头上顶着个大太阳还得走好几个街区才能到家呢。我在头脑里计算着回家的时间，给艾米喂点儿午饭，哄她上厕所，一起读一读书，然后睡个午觉。今天太累了，我们都得睡个午觉。

“不，爹地，我们等等看看。”她说。

一辆辆汽车来了又走了，带起一阵阵风吹着我被烤晒的脖子。我看了看表，把手撑在屁股上，说：“艾米林，孩子，快，走吧，该回家了。”但她就呆在那儿，扭动身体，抬头看着我。

“它一动也不动啊，爹地。”她说。

“没动吗？”

“没有。”她说：“我觉得它睡着了。”

艾米又看了好一会儿，当我觉得真的该离开的时候，却无法挪动脚步。有那么一会儿，艾米看起来真的很像我，我们的鼻尖都微微向上翘，看起来像哈巴狗。又过了一会儿，她的嘴唇看起来丰满了很多，眼神也没那么焦虑，她看起来又很像她妈妈了。一定是她头顶上的一小片阴凉搞的鬼，在她小小的脸上，我能看到整个家族的特征：奶奶蓝色的眼睛，爷爷的笑容，叔叔亮红色的头发。在我眼前的这个小人儿是谁？我想。这个层层晕染着不同人特点的小人儿是谁？她是由谁创造的？她将来会成为什么样的人？

突然，艾米站了起来，抬起头看上面的树，在太阳光里眯着眼睛，用手挡着光。

“鸟妈妈！”她喊道：“鸟妈妈！到这儿来。”

“艾米林，”我走过去拉住她的手：“没事儿的，没事儿的，鸟妈妈会来的，它会来的。”

我拉着她走了几步，朝着家的方向。她挣扎着往回走，看着树的方向。

“鸟妈妈，你的宝宝在等你，鸟妈妈！”

后来我们终于回到家的时候，做完了每天中午都做的事，我把她放在婴儿床上，拂开了她额前的头发。

“爹地，”她轻轻地说，模仿我的动作为我拂开头发，“你觉得鸟妈妈来了吗？”

我停顿的时间太久了，因为我找不到合适的词，艾米闭上了眼睛。

“我也这么认为。”她说，转了个身很快睡着了，好像被施了什么魔法。

通常，我们的日子没这么戏剧化，我们一起去操场，一起去博物馆。艾米很喜欢在动物园喂鸭子，我发现如果碰到刺激的事，艾米会睡得更好，显得更快乐。我们的生活一天天继续，这一天和前一天没什么不同。起床，吃早餐，出去探险，急匆匆赶回来睡午觉。睡醒了她就喝一杯酸奶，我准备晚饭，然后我们一起做游戏或做手工。我给她做裙子或上衣的时候她就坐在我的腿上，丹娜一会儿就下班了，我们一起吃晚饭，然后就是睡觉时间了。

我那些单身的朋友都很羡慕我："你整天想做什么都可以！"

我给他们讲述我和女儿的生活，这些每天坐在办公室小隔间里的白领们，对这些琐碎的活动没多大兴趣。

我发现很小的事物都能打破我们千篇一律的生活。那是一个近黄昏的下午，艾米睡完了午觉，我们俩都待在厨房里，她吃着酸奶，我做着饭，突然，在昏暗的日光下，我切到了手，很小的口子，但是我不自觉地骂了句脏话。

"爹地，怎么了？"艾米推开酸奶，自卫地抱紧双臂，"你为什么大喊？"

"对不起，宝贝，对不起。"我说，然后拿了块毛巾来包手。刀掉在了地上，还有我下午心血来潮看的词汇书，整个场面对一个小幼儿来说肯定很刺激。她的眼睛大睁着，一眨也不眨，像个高尔夫球。

"我切到手了，没事儿。"我对她说，血在我的挤压下染红了毛巾。我看了看艾米，她依然很害怕。突然的创伤让我有点儿糊涂了，居然愚蠢地举着条红毛巾，还以为这样她就能看出其实不算严重。

“看，一点儿事也没有。”

我花了足足五分钟时间才平息了她的尖叫，然后才去浴室裹上创可贴。

过了一会儿，血止了，我收拾了残局。我们到楼上去缝纫，给她做条裙子。当她坐在我大腿上，舒舒服服地看我使用缝纫机的时候，我知道她已经不害怕了。刚才上楼的时候，她抬起头问我：

“爹地？”

“嗯？”

“你刚才为什么叫喊啊？”

我摸了摸脖子，能够感到自己脸红了。

“嗯，那不算叫喊。”

“不，爹地，那是个大大的叫喊。”

“什么？”

“你的叫喊声音很大，像孩子那样。”她很坚持。

“什么孩子？”

“还没上学的孩子。”

“我叫得像个还没上学的孩子？”

“嗯，像。”她说：“当他们受伤的时候就是这样叫的。”

我让她继续往前走，去给她做裙子，然后把这件事忘了。

她又停下了，这次停在楼梯顶。

“我是认真的，我们把这件事忘了吧。”

“爹地？”

“什么？”

“爹地，你叫喊的时候说的那个词是什么意思？”

我真是被困住了。

“我真的叫喊了？”

艾米点了点头，抓着我的手。

“没事了，爹地，”她说，“你一会儿就会好的。”

电话在这时候响了，幸运地把她的注意力吸引到了别处。我母亲打来的，她是个教师，暑假开始了，她想哪天聚一聚，看看她的小外孙女。我们商量好第二天去海湾那边的别墅区购物。

“你真该看看那里的商店。”母亲声音明显显示出兴奋。

我立刻就知道她指的不是麦克西或诺德斯托姆商场，那是大多数人去流连的地方。母亲家里仍然保留着很多“收获”，但不是衬衫和包包了，她已经把兴趣转到了艾米身上，在家里的空地方填满小玩意儿，小篮子、小玩具椅子、古老的八音盒和晃动的小马，都是为了我女儿。那里真是一片儿童仙境。

我们第二天在一家最喜欢的杂货店门口见面。她握着艾米的小手，我看着她俩急匆匆地走进杂货店的大门，进门后先停了停，向四周总体看上一看，闻一闻里面的味道，好像她们能闻出一层层货架下面隐藏着的好东西。走进杂货店，我的鼻子捕捉到一股熟悉的味道，花香般缠绕。两个上了年纪的店员站在玻璃柜台后面，正在摆弄一台收款机，他们觉得它坏了。

“真是个破烂货，”一个店员用鼻子出了出气，透过眼镜看着收款机，“而且还很脏，上帝啊，这些人真是的。”

妈妈抱着艾米，我从货架间挤过，打了个喷嚏。我发现一件粉色的羊毛外套，可以做一顶非常好的帽子，还看上一个绿点点的围裙，只要几针就能给艾米改成一件夏天穿的小罩衫。我母亲和女儿坐在一张大大的标着“出售”的摇椅上摆弄着周围的玩具。我看到有一个店员从眼镜后面看她俩，艾米开始摇晃椅子，我母亲决定忽视店员的注视。

“真棒，艾米，”我妈妈说，“继续。”

接下的半个小时，我和母亲轮流培训艾米，给她看一本本旧书和唱片，玩具和T恤，牛仔裤和新的相框，一个孤独的自行车轮子和其他被人们丢弃的东西。

母亲拿起一个蓝色的调料碗。

“你觉得这个怎么样，艾米？”

我找到一个适合艾米的蓝白花儿小衬衫，想把它买下来。

“就这些吗？”店员撑在玻璃柜台上。

我们没找到其他有价值的东西。我给艾米林买了一件两美元的小衬衫，妈妈打算买蓝白碗来着，但是最后还是决定不买了。我站在柜台前耽搁了一会儿，想着怎么说句聪明的话回击一下这个没礼貌的店员。就听见妈妈学猪哼哼叫，艾米哈哈大笑。她们弹了弹那一堆书，玩了玩衣服的标签。我想象着哪一天艾米自己在这些货架间徜徉，轻易地区分金子和黄铜，银子和老金属。她可能很喜欢搜寻大衣和裙子，我们俩一起买下来，给她改做成新衣服。

穿过房间，看着她的脸，我立刻想起了以前看到过的油画。近看，那些色块毫不相关，但只要你退后一步，整幅图画便立刻显现而出。我们整天黏在一起，有大把的时间共处，有时候很难看出每件小事带给她的影响，操场上的玩耍，例行的午觉，在路边第一次瞥见的死亡，杂货店，第一次发现爸爸并不是世界上最坚强的人，他有时候叫喊得像个没上学的小孩儿。从房间这头看着她，变化神奇地发生了。爷爷的脸不见了，妈妈的笑容消失了，我的鼻子在她脸上也不见了。从这个距离看去，仿佛看到了画布上众多笔触的融合，越发清晰。碎片剥离开去，呈现出眼前这个奇妙的小人儿。

这给了我重重的一击，我意识到，艾米长大了。她会变得更加聪明，也许会拒绝和我一起手牵手在城市的杂货店里寻宝，也许她会吵着要糖吃，也许她最终会放弃糖果而跑去货架间找到属于自己的宝贝。站在那里，我细看着她成长的脸，沐浴着她的笑声，母亲无意间传递给我的，我已经传递下去了，于是我笑了。闭上眼睛，希望女儿终有一天也能意识到我们每日共处的魔力，魔法有时就是在平凡中降临，分享宝物与找到宝物同样重要。

戴眼镜的店员敲了敲柜台，清了清嗓子。

“我说就这些了吗？”

“还有什么呢？”母亲和女儿躺在躺椅上，我递上了两美元。一路走过去，我捡起那件绿点点的围裙。

“这个怎么样，艾米？”

艾米皱了皱眉，摇了摇头。我紧紧地抱了抱她，抱着她走到衣服架旁，一起挑了起来。

“这个呢，”我说，“还有这个？”

分解我的童年

丹·比奇奎克

父亲打电话，说寄过来一件礼物，虽说是给我三岁的小女儿的，我也很感兴趣，而且还不只是感兴趣。他说这个礼物可以“带给你一场‘头脑风暴’”。我父亲狂爱我的女儿，而且总是以礼物来表达。我也参与其中，适度、无害地监控着这些礼物。毫无疑问，这些礼物都表达了真心，但有些礼物我和妻子并不建议购买。比如看起来像校服的花格子呢连衣裙，孩子抱也抱不住的超大泰迪熊。最近一次是几个月前，父亲寄来了一个陶瓷的八音盒，盒子里有一行手写镀金诗句，是这样写的：自你降临之日，我便如此幸福。这是一份值得珍惜的礼物，奶白色的陶瓷质地，非常有质感；黄铜掐丝钩边，盖子上彩喷花卉，是粉色的兰花，朝霞一般。盒盖里面镀有一个金色的“献给”二字，旁边是我女儿的名字——汉娜，父亲把她名字的每个字母大写打印在一张张小纸片上，然后拼贴在一张纸上，下面就是那句镀金的诗句。

每当汉娜打开八音盒，金属机括转动，就演奏起一首歌《你是如此美丽》。关上八音盒，音乐就停止了，诗句被隐藏起来。有时候，我发现汉娜躺在她的小床上，听着八音盒做白日梦，她爱这个礼物。我，我充满疑问。

我告诉汉娜，祖父有个礼物正寄过来。汉娜那个年龄的小姑娘，觉得“礼物”和“惊喜”是世界上最美好的东西，所以天天盼望着。“礼物到了吗，爸爸？”没完没了。她的兴奋也感染了我，但是帮不上任何忙，我只能不断重复：“快了，宝贝，很快就到了。”这其实也很好，因为等待礼物的空当，我可以问汉娜她觉得会是什么礼物。“一只大象。”“一个没盛意大利面的意大利面碗。”从她身上我算是看到了，欲望有时候是多么令人震惊。欲望使不同价值的事物变得同等重要。汉娜每顿饭都要反复思索对礼物的猜想，“一只泰迪熊”、“一片玻璃”、“彩色粉笔”、“一片云”。欲望从事物间穿过，模糊了它们的界限。欲望是情绪的奇想，欲望发现现实并没有那么严格。有些人会对着他们的包裹打瞌睡，我三岁的女儿早已知道的东西，很多诗人却还在孜孜以求，那就是：欲望从不在边界上退缩，它使可能性的外延不断扩展。

盒子里的一片云确实会给我带来“头脑风暴”。真希望这礼物就是一片云，我很好奇，我充满疑问。

我的父母在我三岁的时候离婚了，正是我女儿现在的年龄。他们离婚之前也很少一起出现在我的生活里。记忆中，坐在从厨房到客厅的台阶上，父亲让我喝他杯子里的啤酒花。他那辆黄色的轿车。一条很小却很讨厌的小狗，名叫保时捷。有时候，我很怕这些都是自己编造出来的。母亲把我养大，我们住在科罗拉多，我没有兄弟姐妹。我在纽约州的伊萨卡和父亲以及祖父母度过一个个夏天。父亲是教经济管理的，我觉得一点儿意思也没有。但是能住在父亲从小长到大的房子里还是很棒的，我们睡在同一个卧室里，卧室两头各有一张床，床头的墙壁上铺着印有野外图案的壁纸：日落时分的树林，空中的晚霞从橘红渐变为黄色。树林间有几头小鹿，竖着耳朵仿佛倾听林间的脚步声。入睡前，我总是幻想自己走进了树林，却在黑暗中迷失了方向。每个夏天刚到那里的时候，我喜欢假装不了解屋子的布局，哪个房间通向哪个房间，还要求被带着游览一遍。重新组装房子布局，就是组装我的童年，组装那个夏天的我，这个我与那个和母亲住在一起、那个学校里的我大相径庭。这个我在树林中徜徉，喜欢冒险，喜欢把并不熟悉的父亲理想化。

现在我自己也成为爸爸了，这份经历并没有出乎我的预期，因为我根本没有任何预期。我不知道爸爸应该是什么样子的，因为我的成长里没有爸爸。那些夏天？那些夏天是不一样的。突然意识到这一缺失的我感到恐慌，对这个需要我的小姑娘来说，我应该怎样，我能怎样？这些问题折磨着我，当时汉娜患上肠胃炎，经常连续几个小时哭闹不止，夏天的那些夜晚碎不成眠，我和妻子哄着她，试图让她安静一点儿。当我绝望的时候，我想给别人打电话，打给谁都行，打给我父亲，对他说：“答案是什么？我该怎么做？”

从来就没有答案。

后来三个月大的汉娜熬过了肠胃炎，晚上能睡得很好了。这不是父母看护的功劳，是自身抵抗力起了作用。我很高兴，深深地高兴，我们都熬过来了。事情开始变得越来越顺利了，即使现在也是这样。但是恐慌的时刻依然存在，每当它来临，我对自己的怀疑便滋生出来：我是否是个知道如何为人父的爸爸。每当此时，头脑中已经形成的父亲剪影便消失不见。父亲一词在我这里便只是有其名无其义的代称，甚至几年之后，怀里抱着我的宝宝，我仍在疑问“我是谁？”而不是“她是谁？”

收到礼物当日，我和汉娜把那个大大的信封摆在我俩之间的地板上。信封封得太严了，汉娜自己打不开，所以就由我来把它撕开，拿出里面的东西。“这是什么？”汉娜问，声音充满了好奇和希望。

从信封里拿出来的是一张我的照片。在祖母伊萨卡的家里，它就挂在墙上，我见过无数次了。每个夏天和父亲住在一起的时候，我都看见过这张照片，还记得是我住在那里的第一个夏天拍的，而且无疑是我照过的最棒的照片。照片上的我还是个小男孩，大概五六岁，我正走在房子外面的石子路上，周围灌木丛的味道比花香还浓郁。我穿着衬衫，站在太阳里，肩膀被晒成了金色，我正向远方走去，回过头越过肩膀看着镜头，微笑。我的头发是金色的，眼睛在额头的阴影里模糊不清，我张着的嘴也是一片黑暗。这张照片比其他照片更好地诠释了那个年代的我，每当想起小时候，这张照片里的样子就会跃然于脑海。对我来说，它代表了永远的夏日幸福。

“这是什么呀，爸爸？”

“这是我小时候的一张照片。”

“哦……”我认为汉娜不会对这张照片感兴趣的，但是她却久久地盯着，细细地研究着，让我觉得不可思议。我觉得她可能觉得看到和自己同龄的爸爸感到很奇怪。这时候，她把照片递给我，说：“看，爸爸，爷爷寄给我一个拼图。”

她是对的。照片上有拼图线，我没注意到。我只是匆匆地瞥了一眼照片，因为里面的形象已经在脑海中根深蒂固，先入为主了。我手里拿着照片，女儿坐在一边，这张我自己的照片，这张我童年记忆基础的照片被切割成了很多小块，可以拆开。我们把它拆开了，我拿掉相框，汉娜把它一小块一小块地拿了出来。它从没被拆开来过，每一片和另一片都咬得很紧。我尽量不去注意拆解的过程，但是没能成功。我和努力抚养着的女儿坐在地板上，一片片拆解着童年的自己，因为这样它才会完整。所有的碎片都被拆下来了，我们把这些碎片平铺在地板上。然后找出边缘整齐的碎片，把它们拼成照片的边框，把皮肤颜色的放在一起，背景模糊的灌木和花放在一起。我们拼啊拼，躯干成形了，长出了右手，在脸的前面，其实我还没有脸，连肩膀都还没有。汉娜站起来离开了，拼图连一半都还没有完成。

我想把她叫回来，我想说：“我们还没完成呢。”我想说：“你不能让我一直这个样子。”而且我会用轻松的语气说，让她以为我在开玩笑。但其实我没有，我知道，我没开玩笑。所以我什么也没说。我觉得自己像个孩子。突然之间，我变得很矛盾，我是个有孩子的孩子，有爸爸的爸爸，我是孩子还是爸爸。这是一个谜题，连欲望也无力解开。这是现实，不是游戏。这个谜刚刚被人们发现，或者，至少我是这样。为人父母这个拼图甚至连拼图线都还没有刻好，我知道要去拆解，但不知道该如何去拆解。而且，即使被拆解开了，我如何知道该怎么把它重新拼好呢？要靠缘分，听天由命。那些看似不可能拼在一起的碎片，最终会被命运拼在一起。我有一个女儿，她的名字叫汉娜，这就是第一片最棒的，最不可思议的碎片。

我很想说，女儿手里拿着八音盒回来和我一起继续拼图。我渴望透过这些礼物，看到我们是谁。听着八音盒里的音乐，我渴望找到亲密和理解。但事实并非如此，汉娜回来找我要东西，记得是要一杯水还是别的来着？我还坐在地板上，找自己模糊的眼睛碎片，女儿进来喊我，不是喊我的名字，而是喊我爸爸，她是我的女儿。

我是地板上的碎片。

她是八音盒里的名字。

睡前路漫漫

大卫 · 迪格

她降生之时，黑夜降临，万籁俱寂。伴随着安娜贝尔的出生，旧有生活一去不返。在头脑中未来的画面一一闪现，跳绳、篮球、芭蕾、跳房子、蝶泳，每条裙子都沾上果酱，剪得傻傻的发型，每天中午令她难堪的午餐盒和里面煎老的蛋，她长得又高又漂亮，还能左手上篮，那些涂着润唇膏的小伙子肯定追不到她。我看见未来的自己说："嘿，你，臭小子，站在我家院子里干什么？"乳臭未干的小子没敢回答就远远地跑开了。看着臂弯里的神奇小姑娘，我真想一口把她吃了。

医院外，街灯、车灯、店铺里的灯、尾灯、交通灯、刹车灯晃来晃去，交相呼应。我想，我们会过得很好。

第一次带她去野营，她还什么都不会做，只能派她出去捡捡柴火，我准备帐篷和她的睡袋。然后往野营炉灶里浇上些汽油，打燃一根火柴，看着安娜贝尔对着升起的营火，嘴慢慢变成一个大大的"哇"，我想象着自己是她的卫士，不让任何东西伤害她。

这种美妙的白日梦持续了一段时间。安娜贝尔出生第四天晚上九点，她的妈妈玛丽萨、哥哥查尔斯和我盯着她看，她什么时候才能睡着呢，或者至少停止哭喊也行。十点的时候，我们觉得她怎么哭到十一点也会睡着的，然后是十一点，十二点。十二点的时候，我们盼着到一点，一点她就会睡着的。一点的时候，我们又开始期盼黎明。

第五天，也是如此，还有第六天。

第七天早晨，太阳冉冉升起，我们觉得这种状况会持续一个月。

马上我们就发现，这种状况其实已经持续了两个月了。

第三个月的时候，我们毫无疑问地认为，到九月安娜贝尔就能好好睡觉了，那时候她都半岁了。或者至少每天能安静那么几个小时。

九月时候，我们安慰自己，她夜里折腾不会超过一岁。

这时，在家里成员之间弥漫着一种轻微地恐慌。从我们疲惫的双眼看出去，世界看起来像老电视画面，到处是斑斑点点。

我们咨询了很多专家，专家们说把她放在摇篮里，就让她哭，别理她，每天坚持一段时间，安娜贝尔会慢慢明白哭喊没有用的。

我们这么做了，每天四个小时。其余时间里，安娜贝尔就变成了有婴儿味道，毛发卷卷的暖手炉，只是她痛苦的嚎叫很让人揪心，从不停歇，直到凌晨两点，然后我们把她放进摇篮里，旁边点上一盏六十瓦的台灯。明天我们得上班，上学，还有明天的明天的明天。

我们向医生哭诉。医生说：“有些孩子就是那样的，不好玩，但是也没有什么危害。”医生还说安娜贝尔这种问题叫做慢性疝痛。我们从网上查到，很多幼年时患有慢性疝痛的孩子长大都获得了博士学位。

儿科医生说错了一件事。这不是无害的，安娜贝尔的妈妈知道，她哥哥知道，我知道。

安娜贝尔的问题是，对她来说睡眠有点儿像死亡，周围埋伏着精灵和小鬼，不安和内心的恐惧。如果你非要说四天大的、几个月大的，学龄前的儿童没有内心恐慌，那么好吧。但我向你保证，在她生命的第四天，安娜贝尔绝对梦到了令她害怕的事情，这种恐惧延续到之后的每个夜晚，直到她三岁的时候才消失。一个夏日的傍晚，都快九点了，太阳还死皮赖脸地悬在地平线上，外面的小孩子们骑着脚踏车来来往往，安娜贝尔问我：“爸爸，你死了以后，我还能和你说话吗？”

我也像你一样倒抽了一口气，好一会儿，我在头脑里搜寻故事书上都是怎么说的，我们会活在他人的心里，没错，当我刚要如此答复她时，安娜贝尔警告说：“你可别告诉我我能在心里和你说话。”

对于这种话题，从来就没有婉转的答案。

回到不用回答类似问题的日子，我们曾乐观的认为，无论困扰安娜贝尔的是什么，我们都能克服。那时候，我们抱着她（不能坐下），上下颠动（不能坐下），她虽然不睡觉，但至少会很平静。我们会从这个房间，走到那个房间，再走回来，反反复复。我们家不大，所以后来我们就走到街上去了。

头几个街区，她有时候还因为儿童的悲伤哼唧哼唧。周围的居民们以举行宗教仪式的方式消磨他们的时光，漠视在旁边走来走去的我们，安娜贝尔的呼喊声在安静的夜空里回荡。

有几个凌晨我和两个警察眼睛对眼睛地互相盯着看，我意识到这里的人除了漠视之外，还是会做点别的事情的。一个警察说："你肯定就是那个男人了。"另一个矮一些的警察打了个嗝儿，指了指腰带上别着的手铐。他们既没说明这是在跟我开玩笑，也没往旁边站站，让我过去，我没的选择，只能问上一句："什么男人？"

这时候，我突然想到，肯定是周围多事的大姐从我抱安娜贝尔出行的方式，以及安娜贝尔不断的哭嚎得出结论，我不是她爸爸，而是个绑架犯。于是她们很尽责的汇报了警察。

"哈哈哈哈哈……"高个子的警察哈哈大笑："好了好了，赶紧回去把孩子放在床上吧。"因为现在我怀里的安娜贝尔看起来已经睡着了。

事情当然没这么简单。当晚的晚些时候，当咒语消除，安娜贝尔终于睡着了，但是绝不像一个婴儿应该的那样熟睡，我会大大地颤栗一下，快步回家，单手开门，把她放在床上，她的眼睛弯弯如月，微微的呼吸轻轻响起。我和玛丽萨欣赏着她安静的睡容。我们离开房间的时候，安娜贝尔在梦中猛地动了一下，我和玛丽萨的心就跟着震颤。

世界是一场竞赛。安娜贝尔已经意识到这一点了，比我早得多。这个胖胖的小姑娘，长着咖啡豆一般的眼睛，小手总是向前抓着，抓着，抓着。

我很肯定，这样继续下去，将来总有一天我会失去理智，失去工作，破产，无力偿还贷款。但是就这么抱着安娜贝尔走来走去，走来走去，除了一两盏长明灯，所有街灯都熄灭了，只有出租车偶尔经过，每扇门都紧紧关闭着。我和安娜贝尔却慢慢喜欢上了这些。

在安娜贝尔出生前几年，有个唱歌剧的歌手，她的丈夫和一个流浪汉打起来了，就在我们家门前，后来这个丈夫由于心脏病突发死掉了，就在我们家门阶上。但是这个歌手真的很能嚷嚷。

我和安娜贝尔曾经见过教堂后面有个大家从没注意过的小屋子，牧师在里面写日记。

有个孤寡老太太每晚两点会搬张小凳子坐在自家门前，几个别有企图的男人围在她周围。我和安娜贝尔一次次从远处经过，后来看到她手里多了一盘红色的刨冰，后来，男人们走了，走到街角的时候，其中一个男人走过来把老太太正在享受的刨冰打翻。

最后男人们消失在夜色中，老太太单独坐在那里读书，也许每晚都在读的同一本书，我看到了书名，是俄文的。我想象我和老太太对视了一下，她看了看我和安娜贝尔，然后微微笑了。但，你知道的，现实永远不会这样。她眼睛空洞的看着前方，喃喃懊悔人生中一次又一次的转折，什么是该发生的，什么不该发生。她悔恨的笑容，向前伸出的下巴，都在询问一件事：为什么人生如此多舛？

什么人可以让她感觉到安全，在小姑娘根深蒂固的恐惧中，是爸爸吗？这是一项不可能完成的任务，必定付出艰辛。

安娜贝尔已经七岁了，但还是睡不好。早晨，我发现她卧室里所有的灯都亮着，翻开的书在被子上，床边和桌子上，到处都是书。她是多么艰难，多么寂寞，多么恐惧，我们都睡着的时候，她又是多么的一声不响。安娜贝尔上幼儿园的时候，我放弃了，留她自己面对夜晚的黑暗，我再也坚持不住了。

我们曾一起走过那么多路。

安娜贝尔喜欢夜晚街角的那家店铺，像个玻璃鱼缸。每晚，我们都去买些不同的东西，牛奶、火柴或是老鼠夹。柜台后的掌柜对一切不买东西的人都没什么耐心，哪怕她只有三岁大。

我忘了那天我们买了什么了，牛奶、香蕉和燕麦圈。

我们刚踏出店门，就看到他们朝着第十三大街那边走去，穿过马路，绕过路边停着的汽车，在路对面的人行道上又汇聚成一群，在夜晚看起来像《猫和老鼠》里面嗡嗡乱叫的一群蜜蜂。

起初，我以为只是一群普通的小混混儿。一个男孩骑着自行车，有三个人围着他，看起来好像他们在找他的麻烦，但是没有明显动作。我和安娜贝尔认识自行车上的那个男人，他在松树街的一家酒吧里工作，负责清扫门外的花生皮。他说话不是很利索，刚刚在店里买了糖，骑上自行车之前，一口把糖都吞进嘴里，一边骑车一边咀嚼。

三个男人把他从自行车上拉下来，按在人行道上猛踢。

“他们要把他杀了！”我冲着掌柜大喊：“赶紧给警察打电话！”柜台后的胖男人向店外瞥了一眼，便重新把眼光落在杂志上。

殴打始终很有节奏感，上上下下，仿佛要持续到永远。我走出门拿出手机给 911 打电话的时候，殴打才刚开始，我详细告诉警察发生了什么事，都是些什么人，他们在干什么。比如，其中一个人很高，很胖，穿了一件条纹衬衫，我说可能需要救护车。

突然，攻击停止了，他们站了起来，被打的男孩躺在血泊里，牙齿和自行车七零八落。行凶人顺着街道慢慢的走开了，迈腿的动作有些怪怪的，好像站在自家船的甲板上，脑袋四处张望，寻找下一个教训的目标。

警察终于来了！警灯大闪！警笛呼啸！安娜贝尔看着，伸着双手，双腿像疯了般使劲地踢动。两辆警车停了下来，警察从上面下来，车门敞开着，从容地走到被打的家伙旁边，低着头看他。

又来了三辆警车，速度很慢，上面的警察看着正在看被打男孩的警察，然后警车沿着街，向着行凶者的方向开去，甚至还在他们身边停了停，然后呼啸着开走了，径直闯过伯德大街路口的红灯，然后是第十五街，第十六街。

安娜贝尔安静地待在我的怀里，静静地思考着这一切。

穿条纹衬衫的那个人等在伯德路口的时候，从地上捡起一块石子，打碎了停在一旁一辆车的玻璃。当交通灯变绿的时候，信号灯上的小人机械地运动着，手脚更替，它也就只有一双手脚而已。那三个让安静的安娜贝尔大受刺激的家伙终于穿过了大街，消失在黑夜之中。

我把安娜贝尔带回家，交给她妈妈。“我得出去看看。”我说。

要追上那些蠢货一点儿也不困难。他们走得不快，每隔三栋房子就看看有没有忘记上锁的门，踢翻所有的报箱，往大街上吐痰。

那个胖子现在脱掉了条纹衬衫，因为出了很多汗。在他右边的家伙看起来就是一副欠揍的蠢样子，头发上涂满了发胶，穿着立领衫。第三个家伙，拖拖拉拉地走在后边，他让我想起了曾经见过的一只名叫兰道尔的猫，随时准备出手挠人。

事后，人们问我当时是怎么想的。我说：“不知道。”其实我很清楚自己的感觉，我怒火中烧。

不过，还是让我们按顺序讲故事吧。我想将这些畜生绳之以法，让他们在法官和陪审团面前为所做的事情付出代价。当这些混蛋漫无目的地停在第十五大街的街口时，我走上前，问：“你们是不是刚刚打了那个骑车的孩子？”我的问题迎来一阵沉默，他们正努力弄明白我刚才说了些什么，或者猜我为什么这么问，或者罗列一些理由，又或者只是在回忆他们145秒钟之前所做的事。

那个胖子窃笑起来，他手里还拿着他的衬衫。"没错。"他说，有那么几秒他好像还等着我跟他拍掌呢。

"我当时抱着女儿站在边上，"我说，我的回答仿佛只有我自己明白。我拿出手机，开始拨号。

文斯问我在干什么。

我对他说："给警察打电话。"

我们同时看了看不远处闪着警灯的警车，对讲机里传出的滋滋声。警察的位置比我估计的要远一些，这个"兰道尔"像毒蛇那般发出了攻击，把我的手机狠狠地砸在地上，摔得粉碎。我花了一秒钟的时间想，我把自己陷入了怎样黑暗的境地啊。

我非常确定自己可以很安全地跑开。但是这帮家伙不能就这样抢走我女儿的世界而不受任何惩罚。

"看到这个皮带扣了吗？""兰道尔"说，同时把皮带弄得啪啪作响。他穿着卡其布短裤和赛艇T恤，那条皮带看起来像条冠军皮带那么粗。"我要用这个把你打烂！"

说起来很奇怪，我到现在还想着这一点，在攻击即将开始的时候，谁还会想象那个攻击者的父亲是个什么样的人。我又看了看远处闪动的警灯，头脑中想着这个问题，这时候"兰道尔"站在了我面前，文斯和胖子把我围了起来。然后，还没来得及看，

“兰道尔”就打爆了我的鼻子。

“安娜贝尔不需要你这么做。”玛丽萨九个小时以后说。之前我坐在救护车里，指认三个人中的两个（“兰道尔”逃跑了，一直没被抓到）。

玛丽萨说的没错。但是如果今天让我碰上那三个人，我会把他们碾成粉末，把那个夜晚夺回来，还给安娜贝尔。

夜晚，

夜晚，

安静的黑暗，

熟睡、读书、倾听，

妈妈在床上，爸爸下班了。

走来走去，吱吱呀呀，给我抱抱和亲亲。

可怕的，疲惫的，

夜晚。

——安娜贝尔·迪格（七岁）

版　权

托马斯·贝勒

一

我们走在聚会的路上，妻子、女儿、母亲、我和保姆。保姆负责聚会开始一小时后把孩子送回家并哄她睡觉。我女儿喜欢聚会，她两岁。这次的聚会是在卡莫西公园的国家艺术俱乐部举行。我和妻子初遇那段时间，她就住在那附近。我们第二次约会，晚上，她和我坐在公园的长凳上，恍如隔世。那次也是微风徐徐的五月。

我走了条不寻常的路，我赌了一把，交通很堵，我又是聚会的主持，可不能迟到。我穿着夹克，戴着领带，这条领带，是我爸爸曾经戴过的。一路上，我竭尽全力在车流中穿梭，后来交通缓解了，我们如期到达，真是个奇迹，还找到一个停车位。我们走下车，每个人都盛装出席。胳膊上抱着女儿，我急匆匆向聚会走去。

“爸爸看起来怎么样？”我问她，试图让自己看起来轻松自如，但是声音听上去像是在求救。一个爸爸不能向两岁的女儿求救。我不知道女儿什么年龄，你的声音才能透露出需求的意味，但绝不是两岁。

“很焦虑。”她说。

“是吗？”我笑着说，很惊讶。“真的？哇，你从哪儿学到的这个词啊？”我跨上几级台阶，她的小腿儿打在我腿上。“你怎么样？”

“很迷惑。”她说，这回轮到她哈哈大笑了。

二

一年中有一部分时间我们都住在新奥尔良，我们的前院种了玫瑰，面积不大却很丰盛。我那走起路来一摇一摆的女儿小脸红扑扑的，常常兴冲冲地朝那些花瓣跑过去。

土地上长的玫瑰和花店里的很不一样。院子里的玫瑰花开呀，开呀，开得很大，香气袭人，就像个热情的小娃娃，毫无保留。

女儿匆匆忙忙地走到花丛旁，我在头顶看着她，弯下腰，从背后像一所大房子一般把她拢住，告诉她要温柔地对待花朵。我喜欢这样的时刻，女儿看不见我，当然我也喜欢蒙上她的眼睛，但是像这样的时刻，我不再是她视野里的焦点，而是作为背景存在。

她的手指从花瓣移到尖刺。我告诉她要小心这些尖利的花刺，我看着她大大地吸了一口气，感受着花刺带来的反作用力，感受着美丽与危险并存的哲学。

三

把自己写的故事或散文卖给出版社的过程中，需要签署合同，里面涵盖内容的不只是价格。这些精心制作的合同还包括版权，比如电视或电影版权。这些版权总是事先谈好的，当纸上一个字还没有的时候，关于谁有权拍摄电影就已经定下了，不管纸上写出来的是怎样的文字。

我的女儿不是一张白纸，正好相反。我发现自己写的文字里充满了她制造的神奇优美的小语句。如果我卖的电影是我女儿造的小语句，这又意味着什么呢？

我为什么会提到关于我两岁女儿的出版作品呢？也许，我们的父女之情也是一件出版物，用隐形的墨水写成，经过时间的印刷，变得可视。上面清楚地写着什么是我的、什么是她的，把她与我隔离开来。每次听到女儿说“我的”，我都会感受到这种原始隔离的存在。此中敌意是如此明显、粗鲁，如此极权。就目前的情况来说，这个词还只意味着每个盒子里的玩具和每个盘子里的食物。

是谁在讲故事？谁有权讲故事？谁被授权讲故事？谁不想讲却禁不住要讲？谁不想讲却一次次地讲了？谁迷失了，在那里团团转，抬头对着天空发问：“我该讲什么样的故事？”这个问题没有答案，除非一个两岁的小姑娘能够突然吐露。

四

我父亲住在，或者应该说他被埋在曼彻斯特一座风景如画的山上，有很多墓碑与他相伴，其中一些还颇为有名，比如古根海姆和格什温。我和母亲每年春天都去看看他。那里长着山茱萸和杜鹃花丛，香气弥漫，美不胜收。枝繁叶茂的橡树和高大的松柏浓郁成荫，茵茵绿草铺叙无边。每逢父亲的忌日祭扫之行，我都喜欢在给他的祭文中讲些笑话。

自从他去世，或者说自从他由于癌症面临死亡的那三四个月以来，当时不满十岁的我就陷入一种顿顿的哀伤和恐惧之中，但另一方面，我很想对这样的状态开开玩笑。在那一段黑暗的悲伤里，等待死神最后降临的父亲奄奄一息，我充满希望地和他开着各种玩笑，仿佛癌症是一种情绪，如果我可以帮助他高兴起来，他也就康复了。

十岁那年的葬礼上没有玩笑，母亲蹲在墓坑边，大家向里面撒花。在不应季的高温中，悲痛将她包围。爸爸最好的朋友单膝跪地，耐心地安慰着她，拍着她的肩膀，扶着她的肩。在恍惚的光影下，我知道他不仅在安慰母亲，还防止蹲在墓边的她由于过度悲痛掉下去。父亲的墓边种着一株茱萸，父亲下葬几年后就枯死了，旁边的杜鹃花丛却繁茂依旧。母亲告诉墓园工人别把这丛野杜鹃除掉。每年祭扫之日，还远在路边，母亲就仰头眺望，气喘吁吁地说：“他们把花除掉了。”于是她就伤心起来，这几乎成了每年祭扫的固定台词。

我们还带着野餐来祭扫，母亲特别会准备野餐。她拿了个野餐篮，里面有毯子、草莓、樱桃、葡萄、桃子、牛角面包、面包片、慕斯蛋糕、橘子汁、水、巧克力和许多小白花。最近一次祭扫，母亲抬起头向山上张望，然后说:“哦，看呐!”

今年新长出来的野杜鹃还在，长得舒舒展展的，缠绕在父亲的墓碑上，就在他名字边上——亚历山大·贝勒，下面是一串熟悉的数字 1922—1975。

想到父亲为什么就会想到他的墓碑?我并没有说到父亲，说到他的灰色幽默，他的手臂环绕在我肩膀上的感觉，他午睡时立在一边蓝色带金边的袜子，而是谈论着他地上那一小片墓地，想一想，那里面放着一个盒子，里面是腐坏的身体。我为什么会想到这些?自己成为父母才能真正了解自己的父母。某种意义上来说，我们这时候才真正第一次与他们相识。如果你从没见过自己的父亲或母亲，那么当你成为父亲或母亲时，你自然会知道自己小的时候父母是什么样子了。

参加国家美术俱乐部聚会前几天，我们刚刚去祭扫了一次，这次的祭扫与以往有所不同。以前祭扫是我和母亲的活动，直到有一天我带上了妻子。真有点儿像新媳妇第一次见老公公。在我们的婚姻中，我和母亲是比较不拘小节的一方，妻子和父亲很像，是比较严谨整洁的一方，那一次，妻子见到了和她同一阵营的人。

后来我们有了小宝宝，我们带着她去山顶了吗?当然。第二年就去了，那时她一岁零几个月。

我把她放在墓碑上，让她的手摸过父亲的名字。

但是今年，野杜鹃盛开的今年，我们的孩子已经会说话，有记忆而且会问问题了。这是一个能看、能听、能说、能想的人。怎么跟她解释这一切，我们为什么要在一座陡峭的山坡上吃野餐，旁边还有一块刻着名字和一串数字的石头？我需要这么早让她知道死亡的概念吗？让她知道爸爸是会死掉的？

我第一次发现，宗教在教育孩子这一方面会让父母受益匪浅。我们能抛出天堂这一概念，告诉她爷爷在天上呢，一边吃三明治一边看着她，看着我们（尤其是妻子）有多担心她会从坡上滚下去，撞在新修的墓龛上。但是，我们并不信教，虽然这里是犹太教墓园。很多尖锐的问题由此会被提出来，比如妻子和女儿死后能葬在这里吗？不能？怒火丛生！我准备进行这次争吵了吗？还会生出多少其他争吵来？——所以这个办法行不通。

我该带着女儿去吃这顿可爱的野餐吗？去看那里可爱的风景？我该带这个爱问问题的小姑娘去见她爷爷的墓地吗？

去墓园野餐的唯一好处是不会让她把死亡与恐惧深深联系起来，但是死亡太容易与恐惧联系起来了，因为事实是，我父亲的尸体就躺在那块石碑脚下的地里，不能看也不能感知，死亡。她可能已经清醒地意识到妈妈有父亲还有母亲，爸爸却只有母亲。如果让她知道躺在地下的是爸爸的爸爸，让她知道爸爸的爸爸躺在那里不能呼吸，不能说话，她会意识到爸爸有一天也会那样。关于这一点，我可不想让她那么早知道，虽然我那么早就已经知道了。

所以，当野杜鹃盛开的那一年，只有我和母亲去祭扫。当父亲被诊断出癌症的时候，医生说他最少可活两年，最多可活25年。

“如果他能多活几年，一切都将很不一样。”我说。

“是啊，会非常不一样。”妈妈说。

“但是，你知道，即使他再多活两年，我也才12岁。事情不会好很多，他不会有更多的钱，却会对我严加管教，成为我的麻烦。”

“同时也是你的力量。”妈妈说。

最后一次见父亲，我刚刚十岁，他那时躺在医院的病床上。妈妈接我到医院去，我伤心极了。但并不是因为父亲躺在病床上，而是因为我为此错过了一场拳击比赛。如今我还能清楚记得的是，坐上一辆出租车，父亲躺在病床上，睡着了或神志不清，他的朋友雷·拉斯金站在床边。我觉得雷是个很搞笑很亲切的人，每次见到我都会给我一块口香糖，我叫他“口香糖叔叔”。

他的头发基本掉光了，仅剩的那几根总是乱糟糟的。鼻子上架着眼镜，透过眼镜他严肃而悲伤地看着父亲，但是当看向我的时候，他睁大了眼睛，挑了挑眉，好像当时的场景并没有看起来的那么可怕，我的“口香糖叔叔”身上总是带着正向的幽默感。还记得口香糖叔叔在葬礼上吸鼻子的声音，这让我觉得事情真的很严重了。

最后几个月，我竭尽全力让事情变好起来，我说话的声音听起来轻松得可怕，我围着父亲跳来跳去，叫他“爹地”，我平时只叫他“爸爸”。妈妈给他带来电动刮胡刀，这个举动看起来既充满希望又充满绝望，看你怎么理解了。如果你丈夫身患绝症，刮不刮胡子有什么关系呢？我把刮胡刀拿到大厅里充电，试着在自己脸上刮了刮。

那一晚留给我的还有另一段记忆，是关于拳击赛的。我还记得拳击手穆罕默德·阿里的样子。我不是个超级拳击迷，也不是很崇拜阿里，但是我很喜欢阿里给人的戏剧化的感觉。我很想看那场比赛，但是现在看不成了，从邻居家的电视前走开真是折磨人，拳击赛只要一个多小时就开始了。后来查了查，阿里有一场比赛是 1975 年 5 月 16 日，这一定就是我记忆中的那晚了，父亲死于 5 月 18 日。

那场比赛，阿里对抗杰力·奎利，不用说，肯定稳胜。我和家里的一位朋友去费厄岛度周末，回来以后脸色灰白的母亲来接我回家，我一点儿也不想去。我和朋友正在看电视节目，我坚持要看结果。然后母亲在厨房里告诉了我噩耗。“可是，我祈祷了呀！”我说，手在桌子下紧紧地攥成拳头。

最近，有一次和女儿一起玩儿的时候，她抬头看着我笑，我突然感受到一种极大的震动。她躺在床上，我俯视着她，给她换尿布，我是否挠她痒痒已不记得了，她哈哈大笑。后来，她要我给她“盖一所房子”，她要去“爸爸的房子”，也就是我用双手和双膝盖把她包起来，她站起来，我就拱起脊背，搭一个房梁。就跟她抚摸玫瑰花时我的动作差不多。我盖起了房子，她爬出去，说“关上门吧”。然后要求“开开门”，又爬了进来。在这过程中，她踢到了我的鼻子，我用鼻子蹭她的前胸和肋骨作为反击，她笑得喘不过气来的时候，我站起来。

她的眼睛忽闪忽闪地看着我，审视着我，笑着。就是这样的笑，让你觉得天地宇宙都敞开了，让你堕入其中，有时你能把握，有时你会完全迷失。

有时候，你觉得自己慢慢升起来了，慢慢接近那笑容，突然之间恢复了意识，原来是一场梦，我是怎么到这儿来的？我所看到的是怎样的奇迹！

一阵痛苦，但也伴随一阵甜蜜将我贯穿。她需要我。如此简单、明显，无需言明，超越理智和情感。胸中升腾起一阵感慨，如果没有我，她该怎么办呢，她将受到何等的伤害。这种伤害比我父亲的离世对我的打击还要大。

俯视着她，她正看着我看着她。一个声音说："她会受伤的，她此时的笑容将被抹杀。"笑容，这个小人虽然还将存在，但是却永远也不同了，变味了，就像我的童年一样。我想象父亲也与我此时的痛苦想法抗争过，同时他还得与冷酷的验血结果，癌症以及模糊不清的 2 至 25 年的寿命预测抗争。事实上，他活了八年。

成为父母，你便重新认识了父母。我看着两岁的自己抬头笑看父亲。通过两岁的我的眼睛，我看到 42 岁的父亲的眼睛。这个男人那时候已经开始化疗了，却瞒着同事、朋友还有他儿子。

那一刻我体会到父亲在与两岁的我玩耍时是怎样的心境，那时的我一定看到了，在他身上看到了什么，虽然我什么也没看懂，什么也不明白。此时，女儿看着我，对着我笑，我也看着她，对着她笑，父亲笑容里的内容也一定就在我的眼里，笑容里。

五

在母亲住的大楼的电梯里，女儿发明了一种新游戏。这栋大楼是我从小长大的地方，虽被翻新了，但也没多少改变。我经常走进电梯，跟妈妈说再见，电梯门关上的时候，她就站在门外。无论现在还是以前，我都会对着电梯门大喊："拜拜！"母亲也大喊："拜拜！"传到正在下降的我的耳朵里的时候声音已经很小了。女儿坐在我的手臂上，学着我的样子对着电梯外大喊："那那*！"妈妈的回答传了过来，她的小脸立刻容光焕发，又喊："那那！"这次传过来的声音弱了很多。女儿继续大喊："那那！"

我捕捉到母亲在喊她的名字。

"那那！"女儿还在喊，回答几乎微不可闻。

女儿几乎在下降的每一层都喊："那那！"即使我们已经听不到母亲的回答了。我们来到了一层，电梯门打开之前，她又喊了一次："那那！"这时候她从我身上扭下来，跑出大厅，跑出大楼，不知道对谁大喊："喂！"现在她哀伤地转向我，

"我觉得她现在听不到了。"

---

* 儿童口齿不清，把"奶奶"叫成"那那"。

六

她是一切的补偿，哪怕只是简简单单地朝着我跑过来，也足够补偿一切，让我把注意力从生活、娱乐和正在做的一切事情上转移过来。最近有一天，晚饭后她在吃一块小饼干，她把吃了一半的饼干举到眉毛上，就事论事地对我说："爹地，我的眉毛上长了一块饼干。"我把她举着饼干的手拿开。

"好了，治好了。"我说。

她看了看饼干，把它举到鼻子上。"爹地，"她说："我鼻子上长了一块饼干。"

最近，在操场上，她看着一个身材很棒的男人做单杠运动，那人的身体在单杠上竖立得笔直笔直的。

"爹地，你那样！"她说。

我尽量温柔地告诉她我做不了。

"你个头大，"她说："你可以的。"

她的信任是很甜蜜的，却像一支箭把我射穿了。我相信每个诚实的父亲在心底都会迷惑，我真的能做好吗？做个好父亲，盖个房子。把需要分离的分离开，把需要凝聚的凝聚起来。这就意味着有时要对她说"不"，反对她，对抗她，但这与我们的天性相悖。为了成为她的力量，我必须同时成为她的麻烦。

讲给女儿的故事

科林·道德

这是一篇关于“疏远爸爸”的陈词滥调。和缺席的爸爸们不同，疏远爸爸，在，也不在。安静，沉默寡言，责任感强，有时候很亲密（很少），疏远爸爸永远也没有缺席的爸爸们那么致命的魅力。没进过监狱，没参过军，没有神秘的身份，没有外宅。疏远爸爸们尽职尽责，他常常在身边，只是不那么融入。

关于疏远爸爸们为什么会如此疏远，隐藏在平凡的外表之下，你可能会想出无数个有趣的理由，但是没人真正愿意了解他们。很多长大的孩子都会思考疏远爸爸给他们的成长带来了怎样的影响，但是他们很少有人思考父亲为什么会这样。疏远爸爸们的实质是他们不惹麻烦，也没多少好奇心。

妻子怀孕的时候，我担心过很多事情，就是没担心过会成为一个疏远爸爸。我担心过养家，担心过如何成为榜样，担心过道德指向，担心过成为障碍而非助力，但从没担心过和孩子缺乏联系。发现妻子怀的是个女儿的时候，对于紧张的父子关系的担心消除了，我想象着自己将成为一个多么成功的爸爸。

现在记得不太清楚了，但是当时对于顺顺当当传递我的慈父之心、和女儿建立亲密关系这一点，我感觉很有信心。我会给她唱摇篮曲，给她讲所有好听的歌谣，必要的时候还要用上戏剧化的嗓音。等她长大一些的时候，就给她讲最棒的故事，然后在我们建立起相互信任的基础上，我会慢慢地给她讲解人生，讲解男人，讲解观察世界的方法，讲解如何在男人统治的世界里充满自信。

女儿将意识到她自己有多漂亮，多聪明，因为我会告诉她。这一切想象起来容易——不过是一些没什么难度的对话，一个一个相互联系，说些她想听的善意的、善良的、安慰的、有意思的话，直到她再不想听了，就换个别的更好的办法。我会陪着她，在她成长中的每时每刻。我的真实就是她的真实，因为我会告诉给她。对她来说，我将会很重要。

我做着准备，学了好几首摇篮曲，在书店里找到一本如何教育女儿的二手书，书虽然有点儿旧了，但是看起来却很有启发性。不幸的是，前言写得不是很鼓舞人，作者谈到在我们这个社会将一个女人抚养长大有多么艰难。这种论调对我来说并不新鲜，但是细节对我这个期待做父亲的人来说打击就很大了。有好几页提到了厌食症、自杀倾向、约会强奸、荷尔蒙失调、自尊心问题、父权问题、愤怒问题、数学课跟不上、乱穿衣服、焦虑、经济不独立、机会不均、怀孕及滥用药物等。我迅速地放下这本书，不知道自己正在向冷面爸爸迈出了第一步。练习摇篮曲比对付以上那些容易多了，而且，她还没出生呢。

女儿出生后几个星期，我才有机会亮一亮我的吉他，我反复地练习一支曲子练了好几个月，可以用几种不同的乐器演奏，所以当时我觉得自己做好了为人父的完全准备，更别说她出生之前我就想好了好几首摇篮曲，只是一直没找到时间把它们写下来。是表演的时候了，只是一首摇篮曲我还是有时间写下来的。有多少父亲曾经做过相同的事？我觉得那首摇篮曲写得着实不错。节奏音调都尽了我最大的努力打造，而且我反反复复地排练，能够配得上想象中的为父之道了，可以说我等不及要演奏给她听了。

第一个音符横空出世，艾娃睁大了双眼。她在沙发上抬起头，用儿童才有的大眼睛看着我，仿佛在说："我已经全神贯注了，我在听呢，爸爸。继续啊，开始吧。"但是，我弹的有点走调，停下来，调了调琴，但是调得更糟糕了，所以我走开去，把她自己留在沙发上。我看着天花板调音。五分钟后，我还在鼓弄，额头上都冒出汗来了，紧张的调着音调。我感觉到她已经开始不耐烦了，她在那里摇摇摆摆，但也有可能是想打嗝。我的手指都发抖了。怎么回事？终于好了，我深深地吸了口气，再一次开始演奏。

几乎就在同时，她开始哭了起来。我径直演奏下去，以一种安抚躁动听众的讨好方式，但是我的音乐没有安抚女儿。她开始踢腿，挥舞胳膊，真担心她会把她妈妈吵醒，所以我停了下来，放下吉他，把她抱起。

是尿布的问题吧？还是她饿了？我没办法像妻子那样分辨哭声与哭声之间的区别。她依偎着我，不哭了。我抱着她，摇了一两分钟，给她拿了一瓶奶，检查了她的尿布，然后重新把她放在沙发上，拿起吉他再次演奏起来。妻子醒了，晕晕乎乎地走进来，看着我和身上的吉他，面前坐着一个哭泣的婴儿。

“真不错。”她说。

妻子抱起女儿，哭声立刻停止了。为了给我伤口上撒盐，她唱了起来，声音柔美、甜蜜，你都能看见艾娃那正在放松的肌肉慢慢融进妈妈的怀抱。我把吉他拿下来，放在角落里，接下来的一年里它便在那里慢慢积累着尘土。

艾娃长大了一些，讲故事进行得却不那么顺利。工作了一天，晚上的床上时间就显得弥足珍贵。但是我马上发现，当大声朗读的时候，我并不是一个很好的讲故事者，即使是在最疼爱的小婴儿面前，也会脸红心跳，奇怪的表演焦虑。最熟悉的词汇也被我读的磕磕绊绊，单调干涩的声音根本不像我自己的，经常错过标点和停顿，所以经常重复。有时候直到问号跟前才发现这是一个问句。我还有个坏习惯，就是读着读着会睡着，艾娃需要时不时地推醒我。

由于需要高度集中精神来读哪怕最简单的故事，所以使用嗓音造成有趣的效果就成了十分不可能的事，这至少是个借口。艾娃又长大了一些，我的阅读技巧着实进步了一些，但不足以吸引住她的注意力，我读的故事从来比不上妻子读的那么好听。妻子是变换嗓音的专家，知道运用什么技巧使接下来的故事更加引人入胜。那些夜晚，我听着她讲故事，真是又嫉妒又佩服。

女儿四岁了，足以对我的阅读不耐烦，她让我讲个故事，别再一句一句的读了。“给我讲个故事，”她会说，然后我就开始结结巴巴，支支吾吾，“从前，有，有三只小熊……”我意识到，同样的故事读了千万遍，我对《三只小熊》、《金锁》、《奇幻森林历险记》或其他她最爱听的故事情节一点儿也不熟悉。有的故事，比如《野兽跑哪里去了》，离开了图片，我是一点儿都不知道该怎么往下讲。中断了的故事，我努力续上，但从来没成功过，《奇幻森林历险记》里的后母也被我忘掉了。

“为什么爸爸要把他们丢在森林里？”

“他穷，我猜，他没钱给他们买东西吃。”

“所以就把他们扔在森林里了？”

“嗯……嗯……是吧。”

真是令人崩溃，我对自己失望极了。在讲故事这件事情上的反复失败让我对将来也失去了信心。如果连睡前故事都讲不好，我怎能做好其他事？如果给她弹吉他都会紧张，讲故事都能怯场，要如何在她婚礼上致辞？我觉得自己没办法跟她交流，沟通，没法在她生命里占有一席之地。我觉得挫败，愚笨。这些本来自然而然，连接起我和女儿的事，我却丝毫不在行。挫败之余，还有她的不服从、不听话，让我觉得自己是个透明人。

我太想，太想被她重视了，但是我突破不了自己，没法实现。

唯一对付这种无法满足的渴望的办法就是漠视，但这不是办法。我能感觉到逃跑的拉力，能充分理解父亲们，尤其是有女儿的父亲们的退缩。明白自己并不能像想象中那么好，这种失望，有时候尝起来太苦。时间越久，我越想抽身，这样我就能以旁观者的姿态观看她剩下来的童年。但是，我没有。我不能。很幸运，也是出于原则，我没有放弃。

女儿五岁了，上了幼儿园，艾娃让我给她编几个故事，要好听的鬼故事。

“编几个故事？”

哦，太棒了！这听起来太简单了，但是我知道，事情往往不会这么简单。我来自肯塔基，黑暗与血祭的故乡，那里的文化建立在一草一木均有鬼魂的迷信上。成长的年代，我就听说切洛基和萧尼族印第安人从不在那里定居，因为他们相信那片土地属于有灵的山水花草和各类动物。我的血管中流淌着祖先的血液，如果我只能做好一件事，那就是给五岁的女儿编出一个绝棒的鬼故事。

再一次，我失败了，根本无从下手，但是我努力着，殚精竭虑地编故事。我坐在床边，闭目细思，仔细回忆以前听过的好故事。

只能记得一个故事的大致背景，一个住在马莫斯山洞里的女孩儿，我需要即兴发挥，于是把故事讲成了这样。女孩儿爱上了她的老师，老师却爱着别人，心碎的女孩儿把老师骗到马莫斯山洞，领着他在曲曲折折的山洞里蜿蜒前行，来到最深的洞室，女孩儿吹熄了灯火，悄悄地走开了，只留下他一人在黑暗中惊声尖叫。再没有人看到过那个老师，女孩儿到死也没说出老师的下落，人们直到今天还在流传，如果你走进山洞，吹熄灯火，就能听见一个男人的惊声尖叫。“来人呐，来人呐，别留下我一个人！”

艾娃的眼睛睁得大大的，特别大，她害怕极了，有那么一分钟我觉得自己犯了个大错误。给小女孩儿怎么能讲这样的故事呢？

“但是，如果她爱他，她怎么能这样对他呢？”

“我不知道，有时候当你深爱某人时，你也会恨他，做出很多疯狂的举动，特别是当你的爱得不到回应的时候。”

我一边解释，一边告诫自己说得太多了。

“没错，我也有同样的感觉，当面对阿伦的时候，”她严肃地说：“但我绝对不会对他做那样的事。”

“很好。”我说：“阿伦是谁？”

艾娃把脸藏在枕头里，说：“咱们不说这个。”

且不论阿伦的事，下楼的时候，我真是兴高采烈，我终于讲了一个好故事。我觉得自己是个百老汇明星，刚刚结束了一场高水平的演出，正要去庆功，等待第二天早晨头版头条的评论。

“谁是阿伦？”我问妻子。

“他是艾娃的同学，艾娃喜欢他，他喜欢马蒂尔德和玛格丽特。很复杂的。”

托艾娃的福，接下来的几个星期，我创作了一个三角恋爱的鬼故事。讲的是黑胡子幽灵，新奥尔良海盗幽灵简·拉菲特和他们的女朋友玛丽·拉芙的故事。冲突大多发生在玛丽内心，她两个都爱，又觉得应该找个像她自己一样有血有肉的真人。为了使故事丰满，故事里还出现很多配角，丹尼尔·伯恩，巴蒂·鲍尔顿，路易斯·阿姆斯特朗，马克·吐温，威廉·福柯纳和弗吉尼亚·戴尔。吐温和福柯纳是幽灵猎人，他们跟踪拉芙穿越整个加勒比海，巴蒂和路易斯给为情所困的两个幽灵出了很多坏主意，还帮助拉芙逃跑了。丹尼尔协助幽灵穿越雾气酽酽的群山，追逐着拉芙的脚步，因为拉芙被萧尼人掳走了。

情节在时间和地理上跨度很大，纵横整个架空大陆，黑胡子和拉菲特为了所爱之人决不放弃，他们引领手下在密西西比河上穿越时空，招募船队追踪拉芙的下落，彼此争抢。玛丽时不时给别人下咒，还很善于在白热化的冲突中消失得无影无踪。整个故事不像故事，倒像一部肥皂剧。

艾娃特别喜欢这个故事，每天早上都会要我继续往下讲，走在去幼儿园的路上，她问了许许多多问题，最好的一个是：

“他们为什么不干脆放弃算了？”

“因为他们不能放弃，”我告诉她，“爱情是有魔力的。时机没成熟就永远不会放弃。”

“虽然不能带来任何好处。”她说。

“就是这样。”我说。

当晚，弗吉尼亚·戴尔出场了。服用了玛丽的药剂，这个在新世界出生的英国女幽灵爱上了黑胡子。她千方百计把黑胡子的注意力从玛丽那里转移到自己身上，而且她成功了。拉菲特最后得到了玛丽，故事里众人在凯维斯特举办了一个大型跳舞晚会，大家尽弃前嫌，他们在追求爱情的道路上一起经历了千山万水。

几个月后，艾娃开始学认字，所以故事时间又回到了书本上，一个一个认书本上的字，比听我编的故事更有趣。一天晚上，她提出自己看书，自己睡觉。她打开床头灯，让我出去的时候把大灯关上。

"当然可以。"我说着站起身。我关上灯，回头看了看她，她靠在枕头上，双膝竖起，"我就在楼下，有事儿叫我。"

"知道，爸爸。"她头也没抬地说。

编者的话

麦克·阿达米克，和妻子丹娜、女儿艾米林住在旧金山，他是个驻家爸爸。他喜欢学校里的木头操场和铁滑梯，喜欢茶话会，打扮女儿，用手指当画笔，最喜欢午睡。他的作品经常出现在国家广播电台、各地电台、网站和《旧金山纪事报》上。他的博客——驻家爸爸纪实录。不写作的时候，他一定在缝纫，图片里的衣服就是他做的。

斯旺·亚当森，最近出版的小说有《我的三个丈夫》、《怀孕公主的自白》、《记忆是这样炼成的》。他同时也是戏剧作家，作品有《两个爸爸要结婚》、《美国国人的礼仪》，以唐纳德·奥尔森的笔名创作了大量旅行作品。刚刚完成了一本新小说，名为《百万恶作剧——林诺拉·赫尔墨斯里超级富翁狗的豪华探险》。

史蒂夫·阿尔蒙德，出版过五本著作，每本都达不到他希望的水平。他的新书《奏出你的心》是一本关于音乐的作品，于2010年出版。现与妻子居住在波士顿郊外，有两个孩子，债台高筑。

迪恩·白克波罗，第一本小说《去了月亮就别再回来》被《纽约时报》评为2005年度杰出图书。第二本小说《我的美国不幸福》即将由哈考特集团（Houghton Mifflin Harcourt）出版。现在正致力于《轮回中觉醒的遗物》。曾获 2008 年度古根海姆学者奖，2006 年度国际艺术基金会认可作品。是爱荷华州立大学 MFA 项目组成员。与家人现居爱荷华州。

罗伯特 · 鲍舍，先后出版了六部小说和一本小说集，他的小说《地洞》是一本关于父亲和女儿的故事，曾被《纽约时报》评为年度杰出作品。他在北弗吉尼亚社区大学教授写作和文学，同时在马里兰州作家协会任教。

丹 · 比奇奎克，出版过四本诗集，最近出版的一本诗集名为《雨燕巢》。出版过一本关于梅尔维尔的《大白鲸》，名为《捕鲸人的字典》。他是兰南基金会赞助作家，科罗拉多州立大学 MFA 项目组成员。

托马斯 · 贝勒，出版过两部小说：《诱惑理论》和《过夜艺术家》，一部个人散文集《做个男人》。《过夜艺术家》被《纽约时报》评为年度杰出作品，被《洛杉矶时报》评为 2000 年度最佳畅销小说。《做个男人》被《纽约时报》评为年度编辑推荐作品，亚马逊月度榜首。最近出版作品集《失与得——纽约的故事》。曾经是《纽约时报》和《柬埔寨日报》专栏作家。他的短篇作品刊印在《纽约时报》《Elle》《时尚芭莎》《Ploughshares》《西南评论》《美国短篇故事精选》等著名报刊杂志上。《开明城市》杂志和 Mrbellersneighborhood.com 网站的创始人和主编。在杜兰大学教授创意写作。

克里斯 · 波加连，出版过 12 部小说，有《助产士》、《双重束缚》、《宴会骷髅》。他的新书《伊登的秘密》已经出版，请访问他的网站 www.chrisbohjalian.com。

兰德 · 理查德 · 古波，出版过一本小说《最后一程》和一本故事集《生命之大》。他的作品在各大报刊杂志上出版。短篇小说《强尼汉堡》被收录在 2003 年美国最佳短篇小说集中。《最后一程》由 ABC 公司改编为电视剧。阿穆斯特和爱默生大学驻校作家。《Bon Appétit》杂志资深编辑，获得2002年度洛维汤马斯金牌奖。他在wondertime.com网站上开有专栏“云雀上的爸爸”。目前致力于一本为父之道的回忆录。

科林·道德，与妻子和两个女儿住在北卡罗来纳州的卡波罗。在一家软件公司工作，是公司的著名写手。

罗伯特·都格尼，出版过三本小说，有《错误死亡》(2009)、《评审团主席》(2006)和《危机管控》(2007)。《危机管控》被《华盛顿邮报》评为年度最佳小说。他的小说被翻译成18种语言，畅销世界各地。如对罗伯特感兴趣，请访问网站www.robertdugoni.com。

特雷·伊利斯，小说家，剧作家，散文家，著名博客人，哥伦比亚大学电影系副教授。出版过小说《陈词滥调》、《修复我的家》、《此时此地》以及回忆录《睡前时间：单身父亲历险记》。他的电影类作品包括《塔斯及吉的飞行员》和《正当防卫》，获得年度最佳电视奖。他的散文在各大报刊杂志上刊载，例如《纽约时报》、《花花公子》、《华盛顿邮报》、《洛杉矶时报》。他的第一部话剧《飞翔》正在林肯中心上演。

理查德·弗雷尔，作家，电影制作人，记者，曼彻斯特大学英语系副教授。其创作的纪录片《沧桑洛威尔》(*High on Crack Street: Lost Lives in Lowell*)在HBO台放映，并获得哥伦比亚大学杜邦奖。与人合作创作《罪犯与爱尔兰人》，电影《战士》剧作者之一。其回忆录《留给我们的》已经出版，目前家住新罕布什尔。

埃里克·古德曼，出版了四部小说。最近出版的小说名为《我右手的孩子》，在俄亥俄米州迈阿密大学教授创新写作课程。

詹姆斯·格里菲恩，作家，摄影师，驻家爸爸。网站日点击率近万，其摄影作品出现在各大报刊杂志上，曾接受美国大众媒体《故事》和CBC美国国家艺术广播电台栏目的专访，《华尔街日报》和《华盛顿邮报》也刊载过对他的访问，目前正致力于一本散文集。

布兰登·哈尔品，出版过两部回忆录和四部成人小说，其中包括一本获奖小说《多诺男孩》。他还为未成年人撰写小说，比如《永远的改变》和即将出版的《大喊》及《半个行星生活》。布兰登现从事教师职业，与妻子苏珊妮，三个孩子凯瑟、罗文和凯莉住在波士顿。

雷尔德·亨特，出版过四部小说，包括《惊艳》和最近出版的《星星射线》。他的著作、评论和翻译作品遍布国内外各大报刊和网站。是卡玛戈基金会（Camargo Foundation）和麦克德维尔（MacDowell Colony）基金会赞助作家，丹佛大学创意写作项目组成员之一。

迈克尔·科恩斯，获奖作家，目前和女儿居住在洛杉矶。出版过六部戏剧书籍和大量话剧作品，他的作品观众认可度很高。作为一名演员，作家，导演，制作人，评论家，记者和教师，他高度关注艾滋病群体长达25年之久，他的作品已成为该领域内的百科全书。

阿米塔瓦·库玛尔，出版过《狂热丈夫》《孟买–伦敦–纽约》《护照照片》。其作品《家庭制造》曾获印度文学奖和纵横字谜图书奖（Crossword Book Award）。最近出版了《陌生人怀里的炸弹》，是一篇关于恐怖主义的报告文学。库玛尔是瓦萨尔学院的英语教授，现与妻子和女儿居住在纽约州波基普西。

卡尔·兰尼兹，曾从事图书销售和出版业，是某书店的销售代表。作为克诺夫出版社、众神出版社和年代出版社的销售总监，兰尼兹曾与著名作家理查德·福德、安妮来兹和卡尔西亚森进行合作。1999年他加入了美国书商协会，2003 年转回出版业，2004 年出版了《快乐童年的诅咒：父亲写给女儿的信》，该书讲述了他在小镇的成长经历，以及在大城市里抚养女儿的爸爸经。

理查德·纳什，独立的出版顾问和企业家，过去十年间，他主要从事肖像画生意，2005 年曾被授予美国出版业著名的米里亚姆巴斯奖。他出版的图书经常在各大报刊杂志荣登榜首和年度最佳小说荣誉，例如《波士顿环球》和《新加坡海湾时报》。由于经常出版别人的书，他觉得出版自己的书感觉有点儿怪，女儿是他写书的动力源泉。

丹尼尔·拉伯恩，《克里斯·维尔》的作者，他的作品经常出现在 The Baffle 杂志、《锡皮屋》、《纽约人》等知名杂志上，目前与妻子瑞贝卡，女儿维拉住在芝加哥南部。

大卫·斯科特，他的诗遍布各大出版物，例如《麦迪逊评论》、《新三角洲评论》、《格林斯波罗评论》和红白蓝的各类出版物（爱荷华大学出版社）等，曾获多项大奖，2004 年荣获小说 Pen Discovery（笔下的探索）奖。他的散文可以在散文集《我们所失去的》里找到，此外，还在《巴尔的摩》、《德拉维尔的今天》等杂志上刊登。目前，与同是作家的妻子朱莉安娜和四个孩子住在佛罗里达州。

罗伯·斯皮尔曼，《锡皮屋》的编辑，创始人之一，这是一本创刊十年之久的杂志。他的作品出现在各大报刊杂志和文萃上，例如《书坛》、《波士顿评论》、《纯正简单》、《滚石》、《沙龙》、《时尚》（Vogue）、《价值》（Worth）等。他还是《上帝与士兵》的编辑，该书于 2009 年 4 月出版。

克劳德·斯丹纳什，得克萨斯圣安东尼的报业先锋。后来为《生活》杂志社工作，在好莱坞发展得很成功，作为一个科技作者、宗教编辑，同时还是华盛顿分社的主管之一，《纽约城市》的特约编辑。他在《生活》上发表的小说，曾获世界教堂协会及美国科技联合会颁发的大奖，他在《生活》上发表的文章，启动了《好色男儿》的拍摄灵感，另一篇文章被改编为纪录片《牛顿小子》，由 20 世纪福克斯出品，该片在得克萨斯电影节和维京国际电影节上均获得大奖。另外，他在报纸上发表的文章被整编成集，名为《我脑中的世界》，另外还出版了两本短篇小说集《平衡》和《这就是纽约》。他与女儿合作，出版了小说《诚实的男人们》。此外，他还荣获国家艺术协会颁发的创意写作奖和“J. 弗兰克 · 多比（J. Frank Dobie）奖”。

尼克 · 泰勒，他的第一本小说名为《异议》，现已出版。目前，泰勒与妻子和女儿住在旧金山海湾地区，在州立大学教授写作。深入了解请访问 www.readthedisagreement.com。

大卫 · 迪格，目前与女儿安娜贝尔、儿子查尔斯及作家妻子玛丽萨住在特拉华州的威明顿。是特拉华大学的特约英文教授，即将出版两本儿童著作《富兰克林的大事儿》和《比利高塔》。

罗伯特 · 威尔德，出版过两本著作《教师休息室里的故事》和《爸爸需要喝一杯》，两本都已经改编为电视剧或电影。他的作品刊登在《新闻周刊》、《沙龙》、《父母》、《工作母亲》等各大报刊杂志上。是 NPR 早间新闻和其他广播电台的特约评论员。威尔德获得了 2009 年度阅读创新大奖，是国家图书协会基金会的支持作家。他和妻子拉拉及两个孩子波碧和伦敦住在新墨西哥。请访问他的网站 www.robertwilder.com。

鸣　谢

感谢我的代理人，艾玛纽埃尔·阿尔斯堡，他是行业内最棒的。

致安·莱斯利·杜德，我的编辑，她的嗅觉是最灵敏的，我非常感激和庆幸能够找到如此出众的编辑。

致萨拉·亚历山大，我们的营销女皇，她非常有才，而且意志坚定。

对于我们这些无所畏惧的作家先生们，我以最诚挚的真心感谢你们的真诚和伟大成果，你们的女儿们能拥有你们这样的爸爸是多么幸运。

致金伯利·阿斯裘，你是我最忠实的好友。

致迪莱拉·布莱尔，感谢你所做的一切，包括给我设计这么棒的网站。

还有其他同事们，你们有寻找好男人和好作家的高超本领。朱利安·贝克特，玛丽萨·德·罗斯桑托斯，劳伦·瑟兰德，金伯利·阿斯裘，艾伦·苏斯曼，德博拉·布罗迪，杰克琳·米查德，裘斯·梅纳德，玛莎·维特，路易斯·查韦斯·弗莱恩，艾玛纽埃尔·阿尔斯堡，艾米莉·富兰克林和苏珊·威格斯。

致我“图书俱乐部”的同僚们，谢谢你们的鼓励。艾米·度尼根，利兹·史密斯，苏珊·巴特勒，温迪·理查德，萨拉·博格林·苏内特，尼萨·冯·克莱恩，安娜·阿洛夫·史密斯，谢尔贝·布洛克，丽都·梅兹戈，汤米·裘利，切利欧·切瓦拉，希尔达·萨利戈·海芙娜，芭芭拉·伊恩，玛丽·安·穆里。

感谢我的家人们，感谢公公婆婆、爸爸妈妈和爷爷奶奶。我爱你们。

感谢我的丈夫和女儿，他们是父女情深的最佳代表。书写这些文字的时候，他们正好在外宿营。能想象他们在蓝蓝的湖水里游泳，然后坐在篝火旁的情景。生活里拥有他们，我是多么幸运。

版权说明

文　章

《致格里斯》，ⓒ克里斯 · 波加连，2010

《然后呢，爸爸》，ⓒ史蒂夫 · 阿尔蒙德，2010

《陶艺》，ⓒ丹尼尔 · 拉伯恩，最早见于《纽约人》，2006 年 5 月 1 日

《莫名的哭泣》，ⓒ迪恩 · 白克波罗，2010

《朋克摇滚的乐器管理员爸爸》，ⓒ罗伯 · 斯皮尔曼，2010

《给菲比当教练》，ⓒ大卫 · 斯科特，2010

《心》，ⓒ詹姆斯 · 格里菲恩，2010

《站在台阶上的男人》，ⓒ罗伯特 · 威尔德，2010

《假爸爸的自白》，ⓒ斯旺 · 亚当森，2010

《我溺爱吗 ?》，ⓒ埃里克 · 古德曼，2010

《迟来的父亲》，ⓒ兰德 · 理查德 · 古波，2010

《奇迹》，ⓒ罗伯特 · 鲍舍，2010

《万花筒》，ⓒ雷尔德 · 亨特，2010

《无血缘却有爱》，ⓒ迈克尔 · 科恩斯，2010

《女儿十八岁生日宴会上读给她的信》，ⓒ特雷 · 伊利斯，2010

《勇往直前》，ⓒ理查德 · 纳什，2010

《守门员》，ⓒ布兰登 · 哈尔品，2010

《放飞》，ⓒ卡尔 · 兰尼兹，2010

《大世界》，ⓒ克劳德 · 斯丹纳什，2010

《小火苗》，ⓒ阿米塔瓦 · 库玛尔，2010

《不顾一切的爱》，ⓒ理查德 · 弗雷尔，2010

《猫咪小队》，ⓒ尼克 · 泰勒，2010

《眨眼之间》，ⓒ罗伯特 · 都格尼，2010

《杂货店里的“强盗”》，ⓒ麦克 · 阿达米克，2010

《分解我的童年》，ⓒ丹 · 比奇奎克，始见于《纽约时报》，2008 年 8 月 3 日

《睡前路漫漫》，ⓒ大卫 · 迪格，2010

《版权》，ⓒ托马斯 · 贝勒，2010

《讲给女儿的故事》，ⓒ科林 · 道德，2010

本书相关内容引自

理查德 · 威尔伯的《作家》一文，该文刊载于 Harcout Brace 出版社于 1998 年出版的《新诗选集》。版权ⓒ 1969，理查德 · 威尔伯。本书选用内容以获得作者许可。

飞利浦 · 拉金的《参考》和《这才是诗歌》，刊载于《新诗选集》。版权ⓒ 1998，2003，飞利浦 · 拉金，经许可后印刷。

关于本书编者

安德里亚 · N. 理查森还编辑出版了34位女作家描述母女亲子关系的《母女情深》和描述30岁女性生活、爱情、工作的《五月皇后》。即将出版一本关于初恋的散文选。她编辑的文选获得了各大报刊杂志社的好评，例如《纽约时报》、《旧金山编年史》、《波士顿环球》、《父母》、《红书》、《世界》、《半身像》、《每日糖果与圣经》。目前，她与丈夫和女儿住在北加利福尼亚州。请访问她的网站：www.nickirichesin.com。

图书在版编目(CIP)数据

父女情深/(美)理查森编;张培译.—北京:商务印书馆,2017

ISBN 978-7-100-12011-1

Ⅰ.①父…　Ⅱ.①理…②张…　Ⅲ.①亲子关系—通俗读物　Ⅳ.①B843-49

中国版本图书馆 CIP 数据核字(2016)第 036277 号

父女情深

——28 位著名男作家的为父历程

〔美〕安德里亚·N. 理查森 编

张培 译

商 务 印 书 馆 出 版

(北京王府井大街 36 号　邮政编码 100710)

商 务 印 书 馆 发 行

北京新华印刷有限公司印刷

ISBN 978-7-100-12011-1

2017 年 1 月第 1 版　　开本 880×1230　1/32

2017 年 1 月北京第 1 次印刷　　印张 9¼

定价:30.00 元